ANNE LILL KVAM

SPURENSUCHE

NASENARBEIT SCHRITT FÜR SCHRITT

animal Learn®

VERLAG

4. Auflage 2013
Titel der norwegischen Originalausgabe:
NESEARBEID FOR HUND

ISBN-10: 3-936188-20-3
ISBN-13: 978-3-936188-20-2

Übersetzung ins Deutsche: Christine v. Bülow
Lektorat: Andrea Clages
Fotos: Rudi Binder, Annette Gevatter, Anne Lill Kvam
Illustrationen: Jürgen Zimmermann, Stuttgart
Satz & Layout: Annette Gevatter, Riegel a.K.
Druck: FINIDR, s.r.o., Český Těšín, Tschechische Republik

Alle Rechte der deutschen Übersetzung:
animal learn Verlag, Am Anger 36, 83233 Bernau
E-mail: animal.learn@t-online.de, www.animal-learn.de

INHALT

Einleitung

Ich gebe schon seit mehreren Jahren weltweit Kurse zum Thema Nasenarbeit mit Hunden. Dabei lehre ich, wie man zum Beispiel Fährtensuche oder Geruchsunterscheidung mit einfachen Methoden aufbauen kann. Meine Kursteilnehmer sind sowohl interessierte Familienhundbesitzer, die etwas Neues lernen wollen, als auch professionelle Hundetrainer oder Rettungshundeführer. Während der Seminare wurde ich schon oft gefragt, ob ich ein Buch geschrieben hätte, in dem man meine Arbeitsweise und die einzelnen Trainingsschritte noch einmal nachlesen könne. Nun, es hat eine Weile gedauert, aber hier ist es nun!

Die Liebe zur Gattung der Kaniden im Allgemeinen sowie zum einzelnen Tier als Individuum im Besonderen bestimmt meine Arbeit mit Hunden und für Hunde. Daneben ist mir der Respekt vor ihren Bedürfnissen und ihrem natürlichen Ausdrucksvermögen und Verhalten von größter Wichtigkeit.

Wenn man schon seit längerer Zeit Hunde trainiert und es langsam immer besser beherrscht, rücken die Ergebnisse in den Vordergrund des Interesses. Auf der Suche nach Antworten sollte man aber das Fragen nicht vergessen! Wo ist das Staunen darüber geblieben, was Hunde tun und warum?

Diese kindliche Verwunderung angesichts der Eigenart und Persönlichkeit eines Tieres fand ich während meiner unterhaltsamen aber anstrengenden Bekanntschaft mit Chico, meiner kleinen Vervetmeerkatze in Angola, wieder. Um ihr überhaupt irgendetwas beibringen zu können, musste ich ihr Verhalten studieren und herausfinden, was sie gerne mochte und was nicht. Warum reagierte sie so oder so? Nach ein paar Wochen des Zusammenlebens und Trainierens kam der erste große Test: Ich ließ sie frei laufen. Die junge Meerkatze schoss wie ein bepelzter Blitz hinauf in die Krone eines über 30 Meter hohen Eukalyptusbaumes und war verschwunden. Einige Augenblicke schnappte ich nach Luft, dann besann ich mich auf meinen Plan: Ich hatte das Heranrufen mit Chico geübt, und nun konnte er beweisen, was er gelernt hatte. Ich rief: „Chico, komm!", er schrie seinen kleinen Gruß aus der Baumkrone und hastete hopsend zurück, um sich seine Erdbeere abzuholen.

Machen Sie sich Notizen in einem Trainingstagebuch.

Bei den Trainingsmethoden, die ich in diesem Buch beschreibe, werden keinerlei körperliche Bestrafung oder andere, dem Hund unangenehme Dinge eingesetzt. Ich ziehe es vor, die Übungen so zu gestalten, dass der Hund freiwillig tut, was ich möchte. Damit es auch beim nächsten Mal wieder klappt, sorge ich dafür, dass es sich für ihn auch lohnt. Beim Hundetraining kann viel passieren und man muss oft improvisieren. Es ist deshalb wichtig, jeden einzelnen Hund genau zu beobachten, um herauszufinden, was genau diesen Hund zur Mitarbeit motiviert. Ab und zu kann es also sein, dass Sie von den Übungen, wie ich sie beschreibe, mehr oder weniger stark abweichen müssen. Trotzdem sollten Sie nicht der Versuchung erliegen, dem Hund bei der Lösung seiner Aufgaben zu helfen. Klappt es einmal nicht, stellen Sie ihm lieber eine ganz neue und leichtere Aufgabe! Dabei ist es sehr zu empfehlen, sich Notizen über den Verlauf und die Details des Trainings in einem Tagebuch zu machen. Es ist viel einfacher zu beurteilen, warum etwas nicht funktioniert hat und wie die nächsten Schritte aussehen könnten, wenn man alles noch einmal nachlesen kann.

Jedes einzelne Kapitel kann für sich allein wie eine eigenständige Trainingsanleitung gelesen werden. Ausgenommen ist hierbei das Kapitel über Fährtenarbeit, denn es baut auf dem Kapitel über Pfannkuchenschleppfährten auf. Ich wünsche Ihnen und Ihrem Hund viel Freude bei der Arbeit mit diesem Buch!

Die Welt der Sinne

Haben Sie schon einmal den Geruch von Wasser wahrgenommen? Meine Hündin Troll kann Wasser auf weite Entfernungen riechen. Tiere in wasserarmen Regionen wie zum Beispiel Wüstengebieten haben diese Fähigkeit auch, sonst könnten sie dort nicht überleben. Troll kann Wasser außerdem hören, insbesondere einen munter und verführerisch plätschernden Bach oder einen Wasserfall. Natürlich kann auch ich Wasserfälle hören, aber bei weitem nicht über so große Distanzen wie sie!

Was für mich hingegen ganz einfach ist, fällt Troll offensichtlich viel schwerer: Sie kann Menschen nicht erkennen, wenn diese weit entfernt im Wald stehen und sich nicht bewegen. Daher kann man sich leicht vor Troll verstecken, indem man still dicht neben einem Baum oder einfach nur zwischen den Stämmen steht. Aber sobald sich die Person bewegt, sieht meine Hündin sie sofort. Einmal saß Troll am Fenster, schaute hinaus und bellte. Niemand von uns konnte draußen irgendetwas Verdächtiges erkennen. Aber Troll ließ nicht nach, bis wir es schließlich auch sahen: In etwa 100 Metern Entfernung bewegten sich zwischen den Bäumen einige Rehe im Dämmerlicht. Ohne ihre weißen Hinterteile wären sie für uns wohl unsichtbar geblieben.

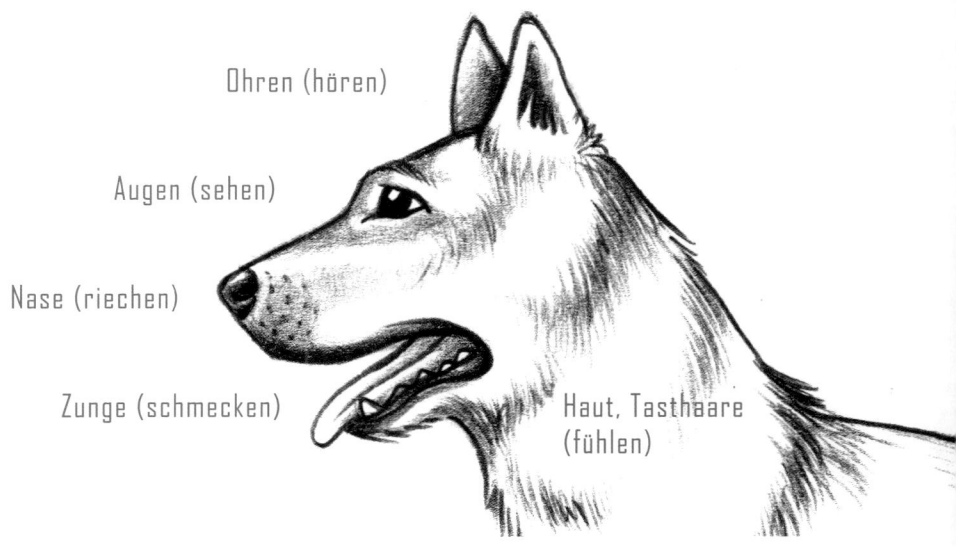

Ohren (hören)

Augen (sehen)

Nase (riechen)

Zunge (schmecken)

Haut, Tasthaare
(fühlen)

Sicher haben alle Hundehalter die Erfahrung gemacht, dass die Sinne ihrer Hunde den unseren auf vielen Gebieten überlegen sind. Wie steht es aber um Ihre konkreten Kenntnisse über die Sinne des Hundes? Wissen Sie, wie gut der Hund sehen, hören oder riechen kann? Haben Sie schon einmal darüber nachgedacht, welche Sinne Ihr Hund wann, wo, wie und wofür einsetzt und dass er dabei Prioritäten setzt? Genau wie wir Menschen können Hunde sehen, riechen, hören, schmecken und fühlen. Außerdem sind viele Hundebesitzer davon überzeugt, mit ihren Hunden telepathisch kommunizieren zu können. Thema dieses Buches ist der Geruchssinn, und so möchte ich einige Spiele und Übungen beschreiben, die vom Hund fordern, seine Nase zu benutzen.

Schon lange werden Hunde eingesetzt, um nach Menschen zu suchen, die von Lawinen verschüttet wurden oder sich in Wald und Dickicht verirrt haben. Hunde können Landminen orten, und vielen von Ihnen ist sicher bekannt, dass in Mitteleuropa sowohl Schweine als auch Hunde bei der Trüffelsuche Verwendung finden. Relativ neu in unserer zivilisierten Welt sind Hunde, die Krebs diagnostizieren können. Sie schnüffeln am Patienten und zeigen die betroffenen Stellen an. Fantastisch! Ein Kursteilnehmer in Kanada erzählte, es habe im Nahen Osten bereits zwischen 4000 und 2000 Jahren vor unserer Zeitrechnung einen Heilungstempel mit Priestern, Diagnosehunden und Chirurgen gegeben. Dort sei kein Eingriff vorgenommen worden, ohne dass vorher Hunde die genaue Operationsstelle angezeigt hätten. Später sei der Tempel zerstört worden und das Wissen verloren gegangen.

Pilze zu suchen oder den verlorenen Autoschlüssel wiederzufinden, ist für einen gut trainierten Hund eine leichte (und praktische!) Aufgabe.

Viele meiner Bekannten haben ihren Hunden beigebracht, Pilze zu finden oder den Spazierweg zurückzulaufen, um etwas zu holen, was Herrchen oder Frauchen da „verloren" hat. Und viele Hunde haben gelernt, den Autoschlüssel ihres Besitzers aus einem ganzen Haufen anderer Schlüssel herauszusuchen.

Eine blinde Frau, die einmal an meinem Haus entlang spazieren ging, berichtete mir, dass ihr Blindenführhund ihr vor langer Zeit gelegentlich verwehrt hatte, das Wohnzimmer zu verlassen. Einige Male stellte sich heraus, dass bei ihr ein epileptischer Anfall unmittelbar bevorgestanden hatte. Die Frau rief daraufhin die Blindenhundeschule an, um sich zu erkundigen, wie in aller Welt sie dem Hund das beigebracht hätten. Aber dort verstand man überhaupt nicht, wovon sie redete. Denn er hatte es offensichtlich ganz von allein gelernt. Es gibt viele ähnliche und auch ganz andere Beispiele dafür, was Hunde in der Lage sind zu lernen und zu leisten. Meiner Erfahrung nach fällt es uns Menschen schwer nachzuvollziehen, *wie gut* ihre Riechleistung ist, und ich glaube, dass wir noch gar nicht wissen, für welch vielfältige Aufgaben der Geruchssinn unserer Partner auf vier Pfoten eingesetzt werden könnte. Es liegt an uns, unsere Vorstellungskraft zu schulen und Aufgabenstellungen zu entwickeln, die den Hund seinen Fähigkeiten entsprechend arbeiten lassen. Hunde arbeiten gern und tun praktisch alles, um uns Freude zu bereiten und uns zu dienen. Aus dieser wunderbaren Fähigkeit ergibt sich für uns aber auch die Frage, was wir eigentlich tun, damit unser Hund sich wirklich wohl fühlt.

Welche Sinne setzt der Hund bei der Suche nach Beute bevorzugt ein?

Bei der Arbeit mit Hunden kann es ausgesprochen hilfreich sein, darüber nachzudenken, was der Hund von seinem Urahn, dem Wolf, als Erbe bewahrt hat. Die meisten seiner Instinkte und Verhaltensweisen stammen aus seiner Zeit als Wildtier. Für einen wild lebenden Hund oder Wolf steht zunächst einmal das Überleben im Vordergrund. Dazu ist es notwendig, sich so viele Nährstoffe wie möglich zu beschaffen und dafür ein Minimum an Energie aufzuwenden.

Wie der Mensch orientiert sich der Hund in erster Linie mit Hilfe des Gesichtssinns, also über die Augen. Zusätzlich wird er sich in hohem Maße auf seinen gut entwickelten Geruchssinn verlassen. Trotzdem ist die Nase normalerweise nicht das erste Sinnesorgan, das ein hungriger Hund oder Wolf zur Futtersuche einsetzt. Das „billigste" Futter, also die Nahrung, an die er mit dem geringsten Energieaufwand gelangen kann, ist das in der Nähe, also in Sichtweite. Kann der Hund oder Wolf nichts Fressbares sehen, benutzt er als Nächstes sein Gehör und lauscht nach Geräuschen, die ein potenzielles Beutetier von sich geben könnte. Erst wenn diese beiden Sinne ihn nicht zu einer Beute führen, fängt er an, gezielt den Geruchssinn einzusetzen. Hierbei schnüffelt er zunächst im Wind nach einer Witterung. Nur wenn auch dieser Versuch fehlschlägt, senkt er die Nase zum Boden und versucht, eine Spur zu finden, der er folgen kann und die ihn zur Beute führt.

Am Boden schnüffelnd erschließen sich Hunde unzählige Umwelteindrücke.

Vergessen Sie diese Priorität der Sinne bei der Planung Ihres Trainings nicht! Wenn Sie möchten, dass Ihr Hund seine Aufgabe mit Hilfe der Nase löst, müssen Sie alle Möglichkeiten ausschließen, dass er durch den Einsatz der Augen oder des Gehörs zum Erfolg kommt. Nicht immer dienen dem Hund optische oder akustische Wahrnehmungen als Hilfe, oftmals ist es sogar so, dass ihn Geräusche oder Sichteindrücke von seiner Arbeit ablenken. Diese Erfahrung haben schon viele Hundeführer während der Arbeit und im Training gemacht.

Wie gut ist eigentlich der Geruchssinn des Hundes ausgebildet? Oft wird zum Beispiel berichtet, dass viele Rüden ganz genau wüssten, wann welche Hündinnen läufig sind. Befindet sich die Hundedame in der unmittelbaren Nachbarschaft, ist das leicht nachzuvollziehen – aber selbst wenn sie sehr weit entfernt lebt, sitzt „Bello" auf der Terrasse, heult und weigert sich zu fressen.

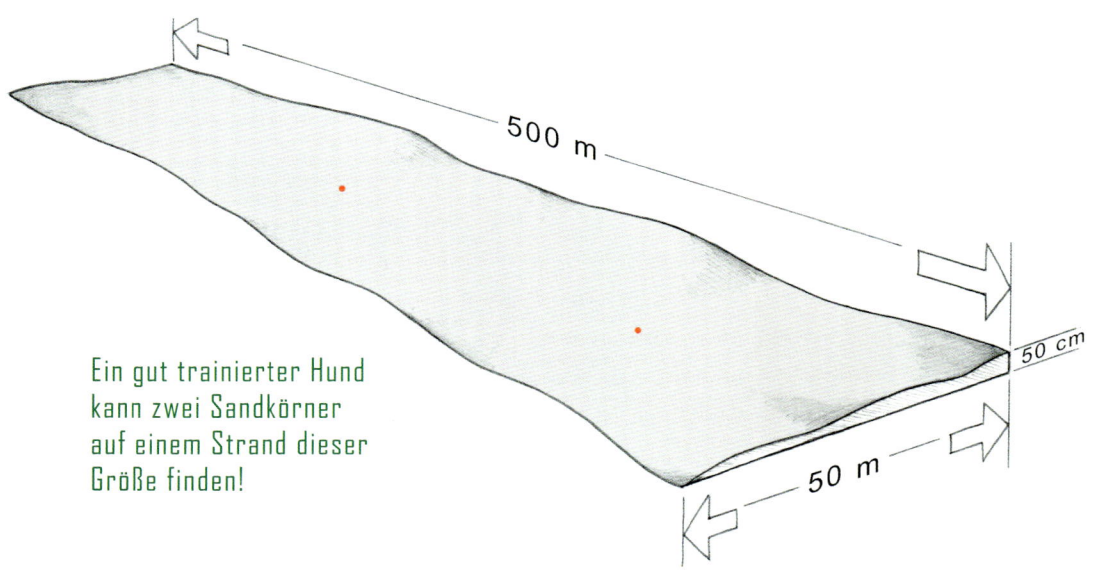

Ein gut trainierter Hund kann zwei Sandkörner auf einem Strand dieser Größe finden!

Laborversuche, auf die sich die Minenräumfirma Mechem in Südafrika beruft, haben gezeigt, dass die Nase des Hundes Moleküle in einer solch geringen Menge wahrnehmen kann, die einer Konzentration von $1:10^{-18}$ entspricht. Als ich das hörte, konnte ich mit dieser Zahl nicht viel anfangen. Der Forscher, der mir davon erzählte, erklärte es mir anhand eines allgemein verständlichen Vergleichs: Ein geübter Hund kann zwei Sandkörner auf einem 500 Meter langen, 50 Meter breiten und 50 Zentimeter tiefen Sandstrand wiederfinden! Unglaublich, nicht wahr?

Hunde, die ich in Angola trainierte, waren in der Lage, Landminen zu finden, die zehn Jahre zuvor oder vor noch längerer Zeit 20 Zentimeter tief vergraben worden waren. Ein Kollege aus Südafrika berichtete von einem Hund, der eine Mine anzeigte, die 30 Meter tief in der Erde steckte. Und wir wundern uns immer noch darüber, dass ein Rüde unruhig ist, weil in vier Kilometern Entfernung eine Hündin läufig ist?

Aus der natürlichen Lebenssituation heraus kann man leicht nachvollziehen, dass ein Hund oder Wolf die Fährten eines Elchs, Hasen, Fuchses oder eines anderen Hundes oder Wolfes am Geruch unterscheiden kann. Seine Motivation entscheidet, welche der Spuren er auswählt: Ist der Hund hungrig und alleine, wird er sicher dem Hasen folgen; ist er hungrig und im Rudel, kann er den Elch aufstöbern; ist er satt und einsam, sucht er vielleicht den Artgenossen Hund. Und ist er satt und zufrieden, tut er vielleicht gar nichts von alledem!

Aber was hat das alles mit unseren Familienhunden zu tun?

Warum sollten unsere Familienhunde ihre Nase einsetzen? Schließlich bekommen sie ihr Futter von uns vorgesetzt und müssen sich dafür weder anstrengen noch irgendwelchen Gefahren aussetzen. Und unsere Hunde schnüffeln doch viel herum, wenn wir mit ihnen spazieren gehen. Ist das denn nicht genug?

Nein, häufig ist das nicht wirklich genug. Viele Hunde bekommen ausreichend Auslauf und Bewegung, sogar regelrechtes Training, und trotzdem sind die Anforderungen gemessen an ihren angeborenen Fähigkeiten zu gering. Ein Großteil unseres Hundetrainings zielt auf Tempo, Spannung, Präzision und Kontrolle ab – aber nur selten sind dabei Ruhe und Konzentration gefragt.

Viele meiner Teilnehmer aus früheren Kursen über Nasenarbeit haben mir später mitgeteilt, dass sich die Zusammenarbeit mit dem Hund insgesamt verbessert habe und dass das Verhältnis zwischen Hund und Besitzer durch das Trainieren des Geruchssinns gestärkt worden sei. In der Folge fielen dadurch auch die Leistungen in anderen Disziplinen, zum Beispiel in Obedience, besser aus. Dieses Phänomen kann mit Hilfe des Begriffs „situationsabhängige Führung" (nach Bru und Kittelsen) erklärt werden. Kurz gefasst versteht man darunter, dass in einer bestimmten Situation derjenige die Führung übernimmt, der die gerade benötigten Eigenschaften besitzt, sie optimal zu bewältigen. Eine derartige Führungsstruktur ist dynamisch – ändert sich die Lage, wechselt die Führung wieder – und sie sagt nichts darüber aus, wer die übergeordnete Verantwortung und Leitung eines Unternehmens oder Rudels trägt. Dieses System spornt offensichtlich alle Mitglieder einer Organisation, also auch eines Rudels, zu höherer Leistung und besserer Zusammenarbeit an.

Aber wofür setzt der Mensch den Geruchssinn des Hundes ein? Wer international gereist ist, hat vielleicht gesehen, wie Hunde an Grenzübergängen das Gepäck auf Lebensmittel, Sprengstoff oder Rauschgift prüfen. Auch konnte man in den letzten Jahren von so genannten „Leichenhunden" bei der Polizei hören, mit denen festgestellt werden kann, ob eine Leiche an einer bestimmten Stelle gelegen hat. Sowohl in Deutschland als auch in den Niederlanden wird seit einigen Jahrzehnten die Identifizierung von Tätern mit Hilfe von Hunden durch die Gerichte anerkannt; dabei erkennen die Hunde den Geruch des Verdächtigen anhand von Gegenständen wieder, die am Tatort gefunden wurden (Kaldenbach 1998).

Nasenarbeit ist Teamarbeit – bei „Profis" ebenso wie bei Familienhunden.

Durch meine Arbeit mit Minenhunden lernte ich eine Methode kennen, bei der Hunde Luftproben von Landstraßen, aus Containern oder aus Autos analysieren und prüfen, ob dort Minen, Sprengstoff, Drogen oder Elfenbein versteckt sind oder waren. Das finde ich imponierend, und es eröffnet eine Vielzahl von Möglichkeiten! Allergiker können ihre (oder andere) Hunde einsetzen, um ihr Essen auf Inhaltsstoffe zu überprüfen, die sie nicht vertragen. Letztlich sieht es so aus, als bestünden die Grenzen für den Einsatz der Hundenase nur in unserem eigenen Denken: Wir können uns die Möglichkeiten dieses wunderbaren Werkzeugs einfach nicht vorstellen und es deswegen nicht wirklich erschöpfend nutzen.

Aber mein kleiner Struppi, denken Sie jetzt vielleicht, der soll doch weder Minen suchen noch die Landesgrenzen vor der Einfuhr verbotener Dinge schützen! Was sollen wir mit all dem? Gemeinsam mit Ihrem Hund können Sie viel Spaß dabei haben, einige dieser Übungen nachzumachen und im Alltag einzusetzen. In diesem Buch schlage ich ein paar Aufgaben für Sie beide vor. Manche sind leicht und können zu Hause im Wohnzimmer oder im Garten eingeübt werden, während andere komplexer sind. Es soll für jeden etwas dabei sein. Vielleicht bekommen Sie ja auch Lust, schwierigere Aufgaben mit Ihrem Hund auszuprobieren, nachdem Sie zunächst einmal die Übungen ausprobiert haben, die Ihnen am einfachsten erscheinen.

Dieser Hund hat unter den aufgestellten Geruchsproben den Sprengstoff erkannt und wird vom Hundeführer freudig gelobt.

Bevor Sie beginnen: einige Gedanken über die notwendigen Voraussetzungen

Viele Menschen meinen, zielgerichtetes Training stelle vor allem klare Anforderungen an den Hund. Ich bin anderer Meinung. Zunächst sollte man bei sich selbst beginnen und einige Voraussetzungen erfüllen: Als Trainer müssen Sie Geduld mitbringen, systematisch vorgehen können und nicht zuletzt motiviert sein, Ziele erreichen zu wollen. Hundetraining macht Spaß, aber Sie sollten sich bewusst sein, dass es niemals nur vorwärts geht. Jederzeit kann es zu einem zumindest vorübergehenden Stillstand kommen, und auch mit Rückschlägen ist zu rechnen.

Als Trainer müssen Sie Geduld mitbringen, systematisch vorgehen können und nicht zuletzt motiviert sein, Ziele erreichen zu wollen.

Wenn Sie selbst die notwendigen Eigenschaften besitzen, ist es in der Regel leicht, den passenden Hund zu finden. Die hier beschriebenen Trainingsmethoden fügen dem Hund weder Schmerzen noch Unbehagen oder Angst zu. Mit anderen Worten: Sie sind ganz und gar ungefährlich.

Solange der Hund nicht krank ist oder gesundheitliche Probleme hat, die ihn einschränken, können Sie ihn für fast jede Aufgabe trainieren. Nicht alle Hunde werden gleich beste Ergebnisse erzielen können, aber jeder kann etwas lernen. Allerdings sollten Sie Ihre Erwartungen und Ihre Anforderungen bezüglich der Ausführungstechnik und möglicher Ergebnisse der Rasse bzw. dem Rassetyp, der Größe, dem Alter, der Konstitution und der Gesundheit Ihres Hundes anpassen.

Was Sie zum Training brauchen

1. Sie selbst betreffend: ein wenig Geduld, eine systematische Vorgehensweise und ausreichend Motivation, Ziele zu erreichen.
2. Einen Hund, mit dem Sie trainieren können.
3. Kenntnisse über diesen Hund: Wie lernt er, was gefällt ihm, welche gesundheitlichen, körperlichen oder anderen Einschränkungen oder Stärken hat er?
4. Leckerchen.
5. Spielsachen.
6. Ein Brustgeschirr.
7. Für einige Übungen eine kurze und eine lange Leine.
8. Für die Geruchsunterscheidung etwas, wonach gesucht werden soll (zu den Details später im entsprechenden Kapitel mehr).

Beginnen Sie nie eine Übungseinheit, die Sie nicht vorher ausreichend geplant haben. Dabei hilft Ihnen ein Trainingstagebuch, in dem Sie einzelne Übungsschritte notieren.

Planen Sie das Training!

Denken Sie daran, dass die erste Fährte, die erste Suche nach Haschisch, die erste Personensuche, die erste Pilzsuche die wichtigste Suche im Leben eines Hundes ist! Die Art und Weise, wie der Hund seine Aufgabe hier löst, wird die Vorgehensweise sein, die er später in einer ähnlichen Situation wieder wählen wird. Beginnen Sie nie eine Übungseinheit, die Sie nicht vorher ausreichend geplant haben. Wenn Sie nicht richtig auf das Training vorbereitet sind, verschieben Sie es lieber auf ein anderes Mal und machen Sie stattdessen einen schönen Spaziergang mit Ihrem Hund.

Wie lernen Hunde?

Hunde lernen, indem sie gedankliche Verknüpfungen, so genannte Assoziationen herstellen. Das heißt, sie lernen zum Beispiel, eine Handlung oder einen Sinneseindruck mit etwas ganz Bestimmtem zu verknüpfen. Auch wir assoziieren in ähnlicher Weise: Wenn ich einen Reiseprospekt sehe, fange ich sofort an, in Urlaubserinnerungen zu schwelgen oder von neuen Reisen zu träumen. Sehe ich, wie jemand nach seinen Autoschlüsseln greift, dann denke ich, dass er bald losfahren wird. So ist es auch bei Hunden. Viele Hunde kennen den Unterschied zwischen der Jacke, die Sie im Büro tragen, und derjenigen, die Sie aus dem Schrank holen, wenn Sie mit ihm spazieren gehen wollen. Ihr Hund hat die Verknüpfung hergestellt, dass er immer dann mitkommen darf, wenn Sie ein bestimmtes Kleidungsstück anziehen. Sehr viele Hunde haben die Bedeutung von Wörtern gelernt, ohne dass wir sie ihnen absichtlich beigebracht hätten. Typische Wörter dieser Art sind „spazieren" oder „Futter". Diese Art des Lernens setze ich bewusst ein, wenn ich ein neues Kommando vermitteln will, wie zum Beispiel „sitz": Ich halte dann ein Leckerchen so über die Nase des Hundes, dass er es nicht erreichen kann. In dem Moment, in dem er sich hinsetzt, bekommt er es. Nach einigen Wiederholungen verbindet der Hund das Leckerchen über der Nase damit, sich hinzusetzen.

Zu meiner Trainingsstrategie gehört, dass der Hund ausschließlich positive Assoziationen mit der Situation herstellt. Er soll mit mir zusammenarbeiten, weil er es möchte. Zwang oder so genannte Strafen verwende ich nie. Wenn er allerdings eine Übung nicht richtig ausführt oder es erst gar nicht versucht, kann ich dem Hund die Möglichkeit verwehren, an eine Belohnung zu kommen. In der Fachsprache bezeichnet man dies als „negative Bestrafung", denn der Hund wird dadurch „bestraft", dass ihm eine mögliche Belohnung vorenthalten oder weggenommen wird. Mit „negativ" ist also gemeint, dass etwas entfernt wird. Dagegen spricht man von „positiver Verstärkung", wenn der Hund für eine erwünschte Handlungsweise etwas erhält, was er mag, wie zum Beispiel ein Leckerchen; „positiv" im Sinne von „es kommt etwas hinzu" und „Verstärkung", weil das gezeigte Verhalten durch die Belohnung verstärkt wird.

Das Wort „Nein!" oder andere Arten von negativ belegten Korrekturen sind im Hundetraining fehl am Platz, ob es sich nun um Obedience, die Suche nach Bomben oder um Agility handelt. Wenn Sie „Nein!" sagen, am Halsband rucken oder Ähnliches tun, erzeugt das negative Gefühle beim Hund, und diese setzen sich schneller fest als positive. Wenn er es im nächsten Augenblick richtig macht und Sie den Hund nun loben, wird daher trotzdem eine negative Verknüpfung bestehen bleiben, nämlich die, im Übungsdurchgang zuvor keinen Erfolg gehabt zu haben.

Motivation

Ihr Hund wird nur dann jederzeit für Sie arbeiten wollen, wenn er für die gewählte Aufgabe ausreichend motiviert ist. Das richtige Maß an Motivation erreichen Sie, indem Sie die richtige Belohnung zur richtigen Zeit und in der richtigen Menge geben. Das klingt einfach und schwierig zugleich, und genau so ist es auch.

Manchmal muss die Belohnung das Allerbeste sein, was der Hund sich vorstellen kann, ein anderes Mal reichen ein paar freundliche Worte von Ihnen. Haben Sie sich schon einmal Gedanken darüber gemacht, was das Allerbeste für Ihren Hund sein könnte? Es ist Ihre Aufgabe herauszufinden, auf welche Art und Weise Sie die verschiedenen Leistungen Ihres Hundes honorieren können. Ich habe es mir zur Regel gemacht, die wenigen, wirklich überraschend guten Leistungen mit dem Allerbesten zu belohnen und dem Hund für normale Ergebnisse etwas weniger Aufregendes zu geben. Manchmal lobe ich für erwartete Leistungen auch nur mit der Stimme.

Vergessen Sie nicht, auch Ihre eigene Motivation aufrechtzuerhalten: Möchten Sie Fortschritte im Training machen, müssen nicht nur der Hund, sondern auch Sie (!) Belohnungen erhalten, die den Einsatz wert sind!

Futter als Belohnung / Verstärkung

Wenn ich an etwas Neuem trainiere, ist Futter meine absolut bevorzugte Art der Verstärkung. Futter stellt die optimale Belohnung für alle Tiere dar, denn sie müssen fressen, wenn sie nicht verhungern wollen. Die Anstrengungen eines erwachsenen, wild lebenden Raubtieres dienen vor allem der Nahrungsbeschaffung, also dem Überleben.

Leckerbissen für das Training müssen klein, frisch und saftig sein, damit sie wohlschmeckend sind und schnell heruntergeschluckt werden können! Würde ich trockene Hundekuchen verwenden, könnten sie zu Krümeln zerbröseln. Der Hund würde dann den Boden nach mehr leckerem Futter absuchen, während ich weiter trainieren möchte. Diese Situation kann ich durch entsprechende Wahl der Leckerchen vermeiden. Auch ein Ball als Belohnung ist nicht so empfehlenswert, wenn die Gefahr besteht, dass der Hund mit dem Spielzeug verschwindet und nicht wiederkommt. Außerdem raubt das Belohnen mit Gegenständen im Training zuviel Zeit und verlagert die Konzentration des Hundes vom Training zum Spiel. Hinzu kommt, dass jede Belohnung dann mit etwas „Negativem" endet, nämlich dass man dem Hund den Gegenstand entweder per Kommando oder sogar mit Zwang wieder abnehmen muss.

Wirklich gute Leckerbissen begeistern die meisten Hunde.

Die sieben Weltwunder

Wissen Sie eigentlich, was Ihr Hund am liebsten mag? In diesem Zusammenhang fällt mir eine Geschichte über das Training eines Eisbären ein. Ich hätte wohl ganz spontan einige Ideen, welche Leckerchen ich einsetzen würde – Ihnen fällt bestimmt auch etwas ein. Aber nein, nichts von alledem – der Lieblingsleckerbissen dieses Eisbären waren Rosinen! Und Pryor, ein Labrador, mit dem ich einmal arbeitete, liebte Salatgurken. Nichtsdestotrotz, die meisten Hunde ziehen etwas aus der Fleischtheke vor oder auch Fisch oder Käse.

Um die Hitliste der besten Leckerchen für Ihren Hund zu ermitteln, nehmen Sie ein Stückchen Leber in die eine und etwas Hühnerfleisch in die andere Hand. Schließen Sie beide Hände, lassen Sie den Hund schnüffeln, damit er feststellen kann, was Sie in welcher Hand haben, und halten Sie beide Hände etwas entfernt voneinander vor ihn hin. Jetzt werden Sie sehen, welche Hand Ihr Hund zu öffnen versucht, zum Beispiel diejenige mit dem Hühnerfleisch. Dann können Sie den Schluss ziehen, dass er Huhn lieber mag als Leber. Schreiben Sie das Ergebnis auf und fahren Sie fort, indem Sie Huhn gegen Käse, Würstchen, Fischfrikadelle usw. antreten lassen, bis Sie alles mit allem verglichen haben. Zum Schluss erhalten Sie auf diese Weise eine Hitliste mit den Lieblingsleckerbissen Ihres Hundes: seine sieben Weltwunder.

Wenn sie die Wahl hat, entscheidet sich diese Hündin für Käsewürfel.

Variable Verstärkung

Zusätzlich zu einer wechselnden Auswahl an Leckerbissen benutze ich die so genannte variable Verstärkung. Das bedeutet kurz gesagt, dass der Hund nie vorher weiß, ob er diesmal eine Belohnung bekommt oder nicht. Dabei gehe ich folgendermaßen vor: Zu Beginn erhält der Hund jedes Mal ein Leckerchen, bis er die Übung grundsätzlich verstanden hat. Dann gibt es jedes zweite Mal etwas, bis er es besser kann, und wenn die trainierte Aufgabe allmählich zuverlässig wird, belohne ich jedes dritte bis achte Mal – das entspricht der variablen Verstärkung. Damit fahre ich dann weiter fort. Wie Sie sehen werden, ist der Clou, dass der Hund nicht weiß, wann es etwas gibt und was er zur Belohnung erhalten wird. Er wird daher immer gespannt auf eine Belohnung warten und motiviert mitarbeiten. Diese Art der Verstärkung ist für den Hund ähnlich attraktiv wie für uns Menschen die Teilnahme am wöchentlichen Lotto oder anderen Glücksspielen – wir sind in ständiger Erwartung, dass wir diesmal vielleicht gewinnen könnten.

Jackpot

Jedes Mal, wenn Ihr Hund etwas außerordentlich gut macht, geben Sie ihm den Jackpot! Wenn ich mit meinem Hund trainiere, habe ich immer so viele Leckerchen in der Hand, dass es für fünf bis sechs Wiederholungen einer Übung ausreichen würde. Hat mein Hund einen regelrechten Durchbruch erzielt, gebe ich ihm als Jackpot alle restlichen Leckerbissen, die ich noch in meiner Hand habe. Der Jackpot kann aber auch etwas ganz anderes sein. Trainieren Sie normalerweise mit Futter als Verstärkung, könnten ein Ball oder ein Quietschtier zum Jackpot werden. Eine weitere Möglichkeit wäre, dass der Hund tun darf, was er will. Für den Minensuchhund Tan, einen Labrador, war der größtmögliche Jackpot, im Wasser spielen zu dürfen. Einmal hatte ich meinen Hund gerufen, und er kam zu mir, obwohl ich eigentlich gar nicht damit gerechnet hatte (er war auf Katzenjagd, wenn ich mich richtig erinnere), und ich hatte weder einen Ball noch Leckerchen bei mir. Jetzt hieß es zu improvisieren, und im letzten Augenblick kam mir eine Idee: Ich spielte Clown für meinen Hund, schlug einen Purzelbaum im Gras, lobte und lachte, knuddelte und spielte mit ihm – und das fand er klasse!

Der Jackpot ist also eine besonders gute Belohnung, die nur selten und für ganz außergewöhnliche Leistungen gegeben wird. Er würde seine Wirkung verlieren, wenn Sie ihn zu oft einsetzen.

Shaping und Clickertraining

Wie Sie im Folgenden sehen werden, benutze ich viele Methoden, die an Shaping, also das Formen eines Verhaltens mittels Clickertraining erinnern. Nach meiner persönlichen Erfahrung ist diese Art des Trainings für die meisten Hunde geeignet und lässt sich für sehr viele verschiedene Übungen einsetzen.

Mit dem Clicker lässt sich jeder einzelne Übungsschritt punktgenau bestätigen.

Das eigentliche Training

Bevor Sie anfangen, bedenken Sie, wie wichtig es ist, das Training nicht zu übertreiben. Lassen Sie nicht zu viele Wiederholungen direkt aufeinander folgen. Meine goldene Regel für das Erlernen neuer Übungen lautet: maximal fünf Wiederholungen, dann eine kurze Pause und nochmals eine bis fünf Wiederholungen. Die kurze Pause kann dabei nur wenige Sekunden andauern.

Wenn Sie fünf Versuche mit einer Übung gemacht haben, ohne dass Ihr Hund Fortschritte erzielt hat, sollten Sie ihn trotzdem belohnen (für seine Geduld!) und dann darüber nachdenken, was schief gelaufen sein könnte. Gab es zu viele Ablenkungen? Ist er krank, satt oder müde? Kann es sein, dass Sie schlecht gelaunt sind? Vielleicht ist die Übung aber auch zu schwer.

Bringt der Hund schon im ersten Anlauf eine perfekte Leistung, geben Sie ihm den Jackpot und machen eine kurze Pause. Beenden Sie das Training immer dann, wenn Ihr Hund die beste Leistung zeigt, die Sie erwarten können. So erzeugen Sie eine positive Lernatmosphäre, und Ihr Hund wird dadurch jede Übungsphase mit freudigen Emotionen verknüpfen.

Immer nach drei bis fünf Durchgängen zu je ein bis fünf Wiederholungen empfiehlt es sich, eine etwas längere Pause von fünf bis zehn Minuten zu machen, vielleicht sogar das Training mehrere Stunden oder Tage ruhen zu lassen. Die Länge und Häufigkeit der Pausen müssen einerseits dem jeweiligen Hund entsprechen, hängen andererseits aber auch vom mentalen und körperlichen Schwierigkeitsgrad der Aufgabe ab. Im Laufe der Zeit werden Sie lernen, Ihrem Hund anzusehen, wann er müde wird. Ideal wäre es, das Training zu beenden, *bevor* sein Interesse nachlässt. Im Laufe eines Tages lassen sich viele kleine Trainingseinheiten unterbringen, Sie müssen nur zur richtigen Zeit Pausen einschieben. Es liegt in Ihrer Verantwortung, dem Hund Erfolgserlebnisse zu vermitteln!

Die Pausen

Es kommt Ihnen vielleicht paradox vor, in einem Buch über Hundetraining etwas über die Pausen zu lesen. Ich möchte sie trotzdem nicht unerwähnt lassen, weil ich die Erfahrung gemacht habe, dass zu den wichtigsten Dingen bei der Arbeit mit Hunden eben genau die Pausen gehören. Dabei ist von Bedeutung, was ich mit meinem Hund in der Pause mache, wie lang die Pause ist und wann ich (oder besser: wir!) eine Pause machen sollte(n).

Der Zweck einer Pause ist es auszuruhen, abzuschalten und das Gelernte zu verarbeiten, um hinterher für eine weitere Aufgabe bereit zu sein. Darum ist es wichtig, dass Sie wissen, wie Sie die Situation gestalten müssen, damit die Pause auf Ihren Hund die erwünschte Wirkung hat. Jeder Hund ist anders! Viele fühlen sich zum Beispiel im Auto wohl und können dort gut entspannen, andere reagieren hysterisch, wenn sie im Auto allein gelassen werden, und wieder andere meinen, das Auto bewachen zu müssen und können folglich nicht abschalten.

Auf Kursen sehe ich häufig, dass Hundebesitzer die Pausen nutzen, um etwas anderes zu trainieren, zum Beispiel Gehorsamkeitsübungen, Kunststückchen, Agilityaufgaben oder Ähnliches. Das ist leider keine gute Idee. Ebenso wenig sollte man den eigenen Hund während der Pause mit anderen Hunden spielen oder frei herumlaufen lassen. Zwar mag das für manche Hunde in bestimmten Situationen in Ordnung sein, allerdings nur in begrenztem Umfang, denn eigentlich sollte der Hund ja ausruhen und Energie tanken, anstatt herumzutoben.

Meine Empfehlung lautet daher, eine kleine Runde an der Leine zu gehen und den Hund nach Lust und Laune schnüffeln zu lassen. Insbesondere nach einer längeren Einheit, in der es viel nachzudenken gab, und nach schwierigen Aufgabenstellungen wirkt es sich positiv aus, dem Hund ein wenig Bewegung zu verschaffen.

Wann soll man eine Pause machen? Meist ist der richtige Zeitpunkt viel früher gekommen, als man glaubt. Sie sollten eine Pause machen, während das Training noch vorangeht, damit sowohl Sie als auch der Hund die Übungseinheit positiv in Erinnerung behalten. Es kommt vor, dass der Hund die Aufgabe im ersten Anlauf sehr gut löst. Gut, dann belohnen Sie ihn dafür und machen Sie eine kurze Pause, bevor Sie eine neue Einheit mit derselben Übung starten. Eine kurze Pause kann 20 Sekunden oder mehr umfassen. Wir Menschen denken oft: „Ach, es geht gerade so gut und es macht Spaß. Wir machen das gleich noch mal!" – und dann geht es meistens schief. Hören Sie rechtzeitig auf! Wenn das Interesse des Hundes (oder Ihr eigenes Interesse!) nachlässt, wäre eine Pause schon vor einer Weile angebracht gewesen. Im Laufe des Trainings werden Sie schnell selbst lernen, wann der richtige Zeitpunkt gekommen ist.

Ein kurzer Spaziergang mit Zeit zum Schnüffeln ist ein guter Ausgleich zum konzentrierten Üben.

Wann gehe ich von einer Übungsphase zur nächsten über?

Die goldene Regel dafür, wann man im Training weiter vorangehen sollte, lautet „80 % richtige Ausführung". Vor langer Zeit brachte man mir bei, dass ich eine Übung 80- bis 100-mal wiederholen müsse, ehe der Hund sie gelernt hätte. Bei einem derart langsamen Aufbau müssen die Hunde regelrecht frustriert gewesen sein und haben sich sicher schrecklich gelangweilt! Zum Glück wissen wir es heute besser. Für einige erwachsene Hunde, die schnell lernen, kann es auch mit der 80 %-Regel schon zu viel sein. Um zu beurteilen, ob der Hund eine Übung zu 80 % richtig ausführt, muss man mindestens fünf Wiederholungen machen. Ich habe Hunde erlebt, die den Kern der Sache bereits nach der ersten oder zweiten Ausführung verstanden hatten. Übt man mit solchen Hunden unverändert weiter, verlieren sie oft vollständig das Interesse. Dies kann man vermeiden, indem man stattdessen die Anforderungen etwas erhöht.

Die häufigste Ursache von Trainingsproblemen ist zu schnelles Vorgehen. Nichtsdestotrotz habe ich die Erfahrung gemacht, dass der zweithäufigste Auslöser von Schwierigkeiten zu langsames Vorgehen ist. Versuchen Sie, das Training ausgewogen zu gestalten und weder zu viel noch zu wenig von sich und Ihrem Hund zu verlangen. So vermeiden Sie viele unnötige Frustrationen und werden stattdessen viel Spaß haben.

Die Suche nach Leckerbissen – ein Spiel für Ihren Hund

Diese spielerische Art, den Hund zu beschäftigen, ist gleichermaßen für Kinder und Erwachsene geeignet und lässt sich im Haus, im Garten oder draußen in Wald und Flur durchführen. Überall im Haus, im Garten oder auf einer Freifläche im Wald werden viele kleine und große Leckerchen versteckt, die der Hund suchen und finden soll. Ziel ist, dass er diese Aufgabe löst, ohne gesehen zu haben, wo die Leckerbissen versteckt wurden, und ohne dass ihm jemand dabei hilft. Diese Suche kann gerne länger dauern, so lange, bis Ihr Hund zufrieden ist und das Bedürfnis hat, sich anschließend ein bisschen auszuruhen. Meinen Sie, das bekämen Sie niemals hin? Wenn Sie diese Seiten gelesen haben, werden Sie sehen, dass das Training viel einfacher ist, als Sie vielleicht glauben.

Es liegt in der Natur der Hunde, ihre Nase und ihre Beine gemeinsam einzusetzen, also zu schnüffeln und sich dabei gleichzeitig zu bewegen, wenn sie nach Futter oder etwas anderem suchen. Auch später werden wir uns dies zunutze machen, zum Beispiel beim Aufbau der Wettkampfdisziplin Flächensuche. Zunächst gestalten wir die Aufgabe jedoch ganz einfach: Lassen Sie den Hund etwas suchen, worüber er sich wirklich freut. Sobald er es gefunden hat, geben Sie ihm seine Belohnung. Wichtig ist, dass er sie sofort und an Ort und Stelle erhält!

Alle Hundebesitzer, mit denen ich gesprochen habe, fanden, dass dieses Spiel einfach sei und Mensch und Tier gleichermaßen Spaß mache. Die meisten Hunde empfinden große Befriedigung dabei, nach Futter zu suchen und es zu finden. Ein geschickter Hund kann ein großes Gebiet mit vielen kleinen Überraschungen in Form von ausgelegten Leckerchen absuchen. Sie werden sehen, wie ruhig und zufrieden Ihr Hund hinterher sein wird. Eine solche Trainingseinheit ist viel anregender, als wenn Sie mit ihm joggen oder Gehorsamkeitsübungen absolvieren würden.

Wenn Ihr Hund später Flächensuche lernen soll, das Apportieren aber noch nicht beherrscht, kann die Suche nach Leckerbissen eine gute Vorübung sein. Der Hund lernt, mit großem Eifer und gründlich zu suchen. Allerdings sollten Sie für diese Art der Suche ein eigenes Kommando einführen (zum Beispiel „Such Leckerli!"), damit Ihr Hund nicht falsch assoziiert, wenn er später nach Gegenständen suchen und mit seinen Funden zu Ihnen kommen soll. Außerdem bietet diese Vorübung den Vorteil, dass es kein Problem darstellt, wenn der Hund zu Beginn nicht alles findet, denn die restlichen Wurststückchen können Sie, anders als manche Gegenstände, getrost liegen lassen.

Die erste Suche kann drinnen oder draußen erfolgen. Dabei halten Sie den Hund zunächst an der Leine. Achten Sie sorgsam darauf, ihm kein Kommando wie „sitz", „bleib" oder einen sonstigen Befehl zu geben! Er soll lediglich angeleint sein. Stellen Sie sich mit dem Hund so hin, dass Sie beide in dieselbe Richtung schauen. Nun werfen Sie ein Leckerchen ein oder zwei Meter vor sich auf den Boden. Ihr Hund soll sehen können, wo der Brocken landet. Dann lassen Sie den Hund sofort los, er darf den Leckerbissen finden und fressen. Geben Sie jetzt noch kein Kommando oder Signal. Erst später, wenn Sie sicher sind, dass der Hund die Aufgabe beherrscht, führen Sie das Kommando „Such Leckerli!" ein.

Diese Übung können Sie im Haus, im Garten oder in der Natur trainieren. Die Vorgehensweise ist immer gleich, wenn man einmal davon absieht, dass die Größe des Terrains, das später abgesucht werden soll, schrittweise aufgebaut werden muss.

1

2

Die einzelnen Trainingsschritte
werden folgendermaßen durchgeführt:

1 Zuerst werfen Sie nur ein Leckerchen ca. einen Meter weit weg; Ihr Hund
sieht zu, darf sofort loslaufen und suchen. Freuen Sie sich mit Ihrem
Hund, wenn er den Leckerbissen gefunden hat, indem Sie ihn loben und
ihm erzählen, wie gut er das gemacht hat. Sobald der Hund fertig gefressen hat, rufen Sie ihn zu sich und belohnen ihn dafür, dass er gekommen
ist. Wiederholen Sie dies zwei- bis dreimal.

2 Bedenken Sie, dass Ihr Hund wahrscheinlich schneller lernt, als Sie glauben. Darum ist es wichtig, die Anforderungen bald zu erhöhen. Werfen
Sie jetzt zwei oder drei Leckerchen direkt nacheinander, aber einzeln.
Die Brocken sollten etwa einen halben Meter auseinander liegen. Noch
ist es notwendig, dass der Hund sieht, wo das Futter landet. Ohne ein
Signal zu geben, lassen Sie ihn los und zu den Leckerchen laufen. Wieder
nehmen Sie Anteil und freuen sich mit ihm, wenn er etwas findet. Findet
er nur einen der Leckerbissen, rufen Sie den Hund heran und fangen Sie
wieder von vorne an mit zwei, drei neuen Leckerchen. Verwenden Sie
einfach dasselbe Areal, dann kann er die übersehenen Brocken beim
nächsten Mal als „Bonus" finden! Je mehr er findet, umso lustiger ist das
Spiel für den Hund. Wiederholen Sie diesen Schritt ein- bis dreimal.

3

4

3   Werfen Sie vier oder fünf Leckerchen aus, genauso wie unter Schritt 2 beschrieben. Jetzt haben Sie die Übung so oft wiederholt, dass Ihr Hund vermutlich langsam begreift, um was es geht. Darum können Sie die Leckerbissen nun etwas weiter wegwerfen, und auch der Abstand zwischen den einzelnen Brocken darf größer sein. Immer noch arbeitet der Hund ohne Kommando. Wiederholen Sie auch diesen Schritt ein- bis dreimal.

4   Jetzt können Sie das Kommando einführen. Verteilen Sie zwei oder drei Leckerbissen – nicht mehr! Lassen Sie den Hund suchen, und wiederholen Sie die Übung dreimal. Ist Ihr Hund alle drei Male sofort losgelaufen und hat zu suchen begonnen, ist er soweit, das Signalwort zu lernen. Ohne eine Pause zu machen, werfen Sie noch einmal zwei oder drei Leckerchen aus. Im selben Augenblick, in dem Sie den Hund loslassen, sagen Sie: „Such Leckerli!" Danach geben Sie das Kommando jedes Mal, wenn Sie den Hund auf Leckerbissensuche schicken.

Wenn Sie bisher alles ohne Unterbrechung durchgegangen sind, müssen Sie Ihrem Hund nun fünf bis zehn Minuten Pause gönnen, bevor Sie mit Schritt 5 weitermachen:

5

6

5 Werfen Sie jetzt noch mehr Leckerbissen aus, etwa acht bis zehn, wieder etwas weiter weg und mit etwas größerem Abstand zueinander. Geben Sie das Signal: „Such Leckerli!", während Sie den Hund laufen lassen. Wiederholen Sie diesen Schritt ein- bis fünfmal.

6 Jetzt ist die Zeit reif, das Suchareal zu vergrößern. Beherrscht Ihr Hund „sitz" und „bleib", so darf er sitzen bleiben und zuschauen, wie Sie die Aufgabe vorbereiten. Kann er alleine weder ruhig sitzen, liegen noch stehen bleiben, müssen Sie ihn anbinden oder jemanden bitten, Ihnen zu helfen. Wenn Ihr Hund Anzeichen von Stress zeigt und winselt, sobald Sie die Leckerchen auslegen, ist es besser, wenn Sie ihn selbst halten und ein Helfer die Brocken verteilt. Zehn bis zwölf Leckerbissen, vielleicht auch mehr, können nach links und rechts über das ganze Areal verteilt werden. Die Suchfläche darf ruhig etwa zehn mal zehn Meter groß sein, wenn Ihr Hund fit ist und weit laufen kann, gerne auch noch größer.

Hier verteilt ein Helfer die Leckerchen, während der Hund ruhig bei seinem Besitzer wartet.

Jetzt sollten Sie mit Ihrem Hund eine wohlverdiente Pause machen. Achten Sie darauf, dass er wirklich abschalten kann. Ob er gar nichts tut, eine Runde mit Ihnen spazieren geht, im Haus herumliegt – was auch immer er macht, ist nicht wichtig, wenn er dabei entspannen kann. Die nächste Trainingsphase kann eine halbe Stunde später beginnen oder auch erst am folgenden Tag.

Wenn Sie einen Tag später weitermachen, beginnen Sie wieder mit Schritt 3. Achten Sie darauf, wie viel Ihr Hund noch behalten hat. Setzen Sie dann bald mit den Schritten 4 und 5 fort. Danach ist es soweit, den Hund die Aufgabe bewältigen zu lassen, ohne dass er zuvor die Vorbereitungen gesehen hat.

7 Bereiten Sie eine Leckerbissensuche vor, ohne dass der Hund die Möglichkeit hat, zuzusehen. Lassen Sie ihn vor der Tür, in einem anderen Zimmer, im Auto, hinter einem Hügel oder einem Haus warten, während Sie einige Leckerchen über das Suchareal verteilen. Machen Sie es ihm jetzt nicht allzu schwer. Legen Sie zum Beispiel ein paar Brocken gleich in die Nähe des Startpunktes, von dem Sie den Hund losschicken werden, damit er sofort etwas finden kann. Nun holen Sie den Hund, halten Sie ihn wie gewohnt am Startpunkt fest, sagen Sie: „Such Leckerli!", und lassen Sie ihn loslaufen. Fängt er nun an zu suchen, so wissen Sie, dass er die Bedeutung des Kommandos begriffen hat, und Sie und Ihr Hund sind am Ziel. Herzlichen Glückwunsch!

8

Bewältigt Ihr Hund diese Aufgabe nicht, ist das gar nicht schlimm! Wiederholen Sie einfach Schritt 6 zwei- bis dreimal und versuchen es danach erneut mit Schritt 7. Machen Sie weiter, indem Sie immer wieder zu Schritt 5 und 6 zurückgehen, falls es mit Schritt 7 noch nicht klappt, bis Ihr Hund auch ohne Sicht auf Kommando zu suchen beginnt.

8 Jetzt können Sie das Suchareal weiter vergrößern. Dehnen Sie die Suchfläche kontinuierlich bis zu der Größe aus, die zu Ihnen und Ihrem Hund passt. Bedenken Sie dabei die Größe Ihres Hundes, seine Laufgeschwindigkeit und wie schnell er arbeitet. Für einen fitten Labrador oder Setter sollte es kein Problem sein, ein Gebiet von der Größe eines Fußballfeldes abzusuchen. Trotzdem werden die meisten mit einem wesentlich kleineren Areal zufrieden sein. Eine Lichtung im Wald kann perfekt sein, ebenso eine ruhige Ecke im Park oder auch ein Parkplatz.

9 Sie können auch variieren, wie lange die Leckerbissen schon liegen, bevor der Hund mit der Suche beginnt. Manchmal ist es einfacher, „alte" Leckerchen zu finden, manchmal nicht. Experimentieren Sie spielerisch damit, was Ihr Hund schaffen kann. Machen Sie ein Wettkampfspiel zwischen Mensch und Tier (zum Beispiel zwischen den Kindern und dem Hund) daraus. Die Aufgabe ist es, so gut zu verstecken, dass es für den Hund eine echte Herausforderung bedeutet, die Leckerbissen zu finden. So können Sie mit ihm ein Leben lang spielen.

10

10 Generalisieren Sie die Suche. Das heißt, er soll lernen, in jeder Art von Umgebung zu suchen, egal ob drinnen oder draußen. Haben Sie anfangs in einem bestimmten Zimmer geübt, dann weiten Sie die Suche auf mehrere Zimmer aus, lassen Sie in anderen Häusern suchen (zum Beispiel bei Freunden oder Verwandten) und draußen im Garten, im Wald oder im Park. Haben Sie schon die ganze Zeit im Wald geübt, wechseln Sie das Gelände. Es passiert sonst so schnell, dass der Hund sich angewöhnt, beispielsweise nur da zu suchen, wo Beerengestrüpp ist! Haben Sie in Ihrem Garten trainiert, fangen Sie an, Leckerbissen in den Gärten Ihrer Nachbarn zu verstecken, drinnen im Haus, im Wald, im Park oder an allen möglichen anderen Orten.

Besonders zu Beginn sollten Sie darauf achten, das Training jedes Mal zu beenden, solange der Hund noch Lust auf mehr hat! Wenn Sie weitermachen, bis er müde wird, kann es sein, dass er das Interesse an diesem Spiel verliert. Gerade am Anfang, wenn der Hund noch lernen muss, ist es wichtig, dies zu bedenken. Später, wenn er die Übung kennt und sie bereits gerne ausführt, können Sie ihn ab und zu auch suchen lassen, bis er von selbst aufhört.

Während der Lernphase trainiere ich alle Abschnitte auf demselben Gelände, entweder draußen oder drinnen. Findet der Hund nicht alle Leckerbissen in einer Runde, bleiben sie einfach als Bonus für die nächste liegen, die wieder am selben Ort stattfindet. Der Hund erhält noch mehr Verstärkungen und lernt vielleicht sogar schneller.

Findet Ihr Hund aus irgendeinem Grund die Leckerbissen nicht, die Sie versteckt haben, zeigen Sie ihm nicht, wo sie sind. Lassen Sie die Brocken liegen. Sie können sie nach dem Training einsammeln, müssen es aber nicht tun: Lassen Sie den Hund die Reste doch ein anderes Mal als freudige Überraschung finden!

Der Zwergdackel in Japan

Ich möchte Ihnen gerne die Geschichte erzählen, wie dieser kleine Hund lernte, seine Nase zu gebrauchen. In Japan sind die meisten kleinen Hunde Schoßhunde im ursprünglichen Wortsinn, und das war dieser kleine Dackel wohl auch. Er war zwar schon ausgewachsen, hatte aber keine Erfahrung damit, seine Nase für irgendetwas einzusetzen. Wir stellten ihm eine Aufgabe mit auf dem Boden liegenden Leckerbissen in zwei bis drei Metern Abstand. Der Hund sah uns die ganze Zeit zu. Trotzdem blieb er, als er anfangen durfte zu suchen, einfach stehen und schnüffelte nur rund um seine eigenen Füße. Wir mussten den Abstand auf 30 Zentimeter verkürzen, bevor er begriff, was der Sinn der Übung war. Auf einmal wurde ihm dann schlagartig klar, um was es ging, und er suchte sehr gründlich und eifrig, fand kleine Leckerbissen unter dem Laub, die er zufrieden kaute und herunterschluckte. Schon nach zwei, drei Trainingseinheiten konnten wir den Suchabstand für diesen Hund auf 60 bis 70 Zentimeter erhöhen.

Die Suche nach Gegenständen – ein Versteckspiel

Die Suche nach Gegenständen, auch als „Verlorensuche" bezeichnet, erinnert an ein Versteckspiel, das Sie Ihrem Hund kinderleicht beibringen können. Hunde, die gerne Sachen im Maul herumtragen, finden dieses Spiel genauso amüsant wie die Leckerbissensuche.

Auch Kinder haben viel Freude daran, sich auf diese Weise mit dem Hund zu beschäftigen. Der Aufbau dieses Versteckspiels gleicht der Vorgehensweise bei der Suche nach Leckerbissen, der Unterschied besteht hauptsächlich darin, dass der Hund Gegenstände statt Futter findet.

Sie brauchen ein Spielzeug oder einen anderen Gegenstand, den Ihr Hund mag und den er gern ins Maul nimmt. Wenn Ihr Hund das Spielzeug nicht zu Ihnen bringt, macht das nichts, denn Sinn und Zweck der Übung ist, dass er danach suchen und es mit Hilfe seiner Nase finden soll. Ob der Hund den Gegenstand dann mitnimmt und irgendwo alleine damit spielt, ist in diesem Zusammenhang unerheblich. Allerdings würde ich drinnen oder in einem umzäunten Garten spielen, für den Fall, dass der Hund den Gegenstand nicht wiederbringt.

Hunde, die bereits gelernt haben, Gegenstände zu apportieren, spielen dieses Suchspiel, indem sie schließlich mit dem Fund wiederkommen und ihn abgeben. Anschließend können Sie ihn erneut verstecken, ihn gegen Lob oder ein Leckerchen eintauschen oder ihn dem Hund zum Spielen zurückgeben.

Zu Beginn des Trainings ist es wichtig, einen Gegenstand zu wählen, in den Ihr Hund gern hineinbeißt und den er ganz von allein ins Maul nimmt, einfach weil es ihm Spaß macht. (Erst später wird er lernen, auch andere Dinge zu suchen und zu bringen.)

Genau wie die Leckerbissensuche kann die Verlorensuche im Haus, im Garten oder im freien Gelände geübt werden. Allerdings sollten Sie sich merken, wo Sie diejenigen Gegenstände versteckt haben, die Sie gerne behalten möchten: Falls der Hund sie nicht findet, können Sie sie später selbst wieder einsammeln.

Das Training können Sie in folgende Einzelschritte einteilen:

1 Sie werfen einen Gegenstand so vor den Hund hin, dass er ihn sehen kann, lassen ihn dann sofort loslaufen und die Sache holen. Freuen Sie sich mit Ihrem Hund, wenn er etwas findet! Kommt er mit dem Spielzeug zu Ihnen zurück, geben Sie ihm einen Leckerbissen und spielen ein bisschen mit ihm. Wiederholen Sie diesen Schritt zwei- bis viermal.

2 Bedenken Sie, dass Ihr Hund wahrscheinlich schneller lernt, als Sie glauben. Darum ist es wichtig, die Anforderungen bald zu erhöhen. Machen Sie es ihm jedes Mal ein bisschen schwerer. Werfen Sie den Gegenstand etwas weiter weg, vielleicht sogar so, dass er hinter irgendetwas zu liegen kommt, also außer Sicht des Hundes. Ihr Hund sollte aber nach wie vor sehen können, an welcher Stelle das Spielzeug ungefähr landet. Lassen Sie ihn sofort loslaufen, wenn der Gegenstand liegt, und zwar ohne ein Kommando oder Signal zu geben. Wie immer: Zeigen Sie Ihre Freude (zum Bespiel mit lobenden, aufmunternden Worten), wenn Ihr Hund etwas findet! Wiederholen Sie diese Übung zwei- bis dreimal.

Jetzt sollten Sie Ihrem Hund zwei bis zehn Minuten Pause zu Erholung gönnen. Danach fangen Sie zum Aufwärmen wieder mit Schritt 2 an, bevor Sie zu Schritt 3 übergehen:

3

3 Beherrscht Ihr Hund „sitz" und „bleib", geben Sie diese Kommandos und gehen Sie ein Stück vom Hund weg, so dass Sie gerade eben aus dem Sichtfeld des Hundes sind, um den Gegenstand abzulegen. Gehen Sie direkt zurück zum Hund, lassen Sie ihn loslaufen und das Spielzeug suchen. Bleibt der Hund nicht sitzen, wenn Sie sich entfernen, können Sie ihn anbinden oder jemanden bitten, ihn zu halten. Eventuell können Sie ihn auch in einem anderen Zimmer warten lassen und die Tür schließen. Wiederholen Sie diesen Schritt ein- bis dreimal.

4 Jetzt wird es Zeit, das Suchareal auszuweiten. Beherrscht Ihr Hund „sitz" und „bleib", kann er sich setzen und Ihnen zusehen. Kann er nicht alleine ruhig sitzen bleiben, müssen Sie ihn entweder anbinden oder einen Helfer bitten, den Hund zu halten oder den Gegenstand zu verstecken. Bewegen Sie sich aus dem Gesichtsfeld des Hundes und suchen Sie für das Spielzeug ein nicht zu schwieriges Versteck aus. Gehen Sie dabei ein wenig hin und her, damit der Hund nicht einfach dorthin läuft, wo Sie dem Geruch nach zuletzt waren. Wiederholen Sie die Übung auf diese Weise zwei- bis fünfmal.

5 Nun sollte der Hund lernen, wie dieses Spiel heißt! Wählen Sie ein Signalwort, zum Beispiel:„Wo ist es hin?", und sagen Sie es in dem Moment, in dem Sie den Hund loslassen. Wenn Sie sich sicher sind, dass Ihr Hund schon bei Schritt 3 zuverlässig sucht, können Sie das Kommando auch schon dort einführen. Allerdings sollten Sie das gewählte Kommando niemals geben, solange Sie Zweifel haben, ob der Hund das Richtige tun wird! Wiederholen Sie diesen Schritt zwei- bis fünfmal.

An diesem Punkt empfiehlt es sich, erst mal wieder eine Pause einzulegen. Ihr Hund sollte dabei völlig abschalten können, also nichts leisten müssen. Sie können ein wenig spazieren gehen, ihn einfach ausruhen lassen oder was auch immer tun, wenn es der Entspannung dient. Sie sollten das Training frühestens eine halbe Stunde später fortsetzen oder auch erst am folgenden Tag. Ist ein ganzer Tag vergangen, beginnen Sie noch einmal bei Schritt 3 und testen Sie, woran sich der Hund noch erinnert. Danach gehen Sie zügig zu den Schritten 4 und 5 über. Klappt alles gut, wird es Zeit dafür, das Spiel zu spielen, ohne dass der Hund Ihnen bei der Vorbereitung zusehen kann!

6 Verstecken Sie ein Spielzeug, ohne dass der Hund Ihnen dabei zusehen kann. Er bleibt drinnen, in einem anderen Zimmer, im Auto, hinter einem Hügel oder hinter dem Haus, je nachdem, wo Sie sind. Verstecken Sie sein Lieblingsspielzeug, machen Sie es ihm dabei aber nicht zu schwer, damit er nicht vorzeitig aufgibt. Holen Sie Ihren Hund, halten Sie ihn wie bei den anderen Übungen fest und sagen Sie:„Wo ist es hin?", unmittelbar bevor Sie ihn laufen lassen. Fängt er jetzt an zu suchen, hat er die Bedeutung des Kommandos verstanden, und Sie und Ihr Hund sind am Ziel. Herzlichen Glückwunsch!

Bewältigt Ihr Hund diese Aufgabe noch nicht, wiederholen Sie einfach Schritt 5 zwei- bis dreimal und versuchen es danach erneut mit der unter Schritt 6 beschriebenen Übung. Arbeiten Sie weiter, indem Sie immer wieder zu Schritt 4 und 5 zurückgehen, falls es mit Schritt 6 noch nicht klappt, bis Ihr Hund auch ohne Sicht auf Kommando zu suchen beginnt.

7 Jetzt kann die Suchaufgabe ausgedehnter und schwieriger werden. Wenn Sie im Haus trainieren, kann der Gegenstand hinter Möbel, unter eine Decke, in ein Regal gelegt oder zwischen den Sofakissen versenkt werden – nutzen Sie Ihre Fantasie! Natürlich sollten Sie den Gegenstand nur da verstecken, wo der Hund auch hin darf! Sie können durch mehrere Zimmer gehen, bevor Sie den Gegenstand ablegen, dann wird es eine richtige Herausforderung für Ihren Hund. Wenn Sie draußen mit ihm spielen, kann das Versteck 30 bis 50 Meter vom Startpunkt entfernt sein. Erhöhen Sie den Abstand aber nach und nach. Beginnen Sie mit zehn Metern, dann verstecken Sie den Gegenstand in 20 Meter Entfernung und bauen die Distanz so weiter aus.

8 Variieren Sie auch, wie lange der Gegenstand schon in seinem Versteck liegt. Manchmal sind Sachen leichter zu finden, die schon länger versteckt sind, aber manchmal macht es das auch schwieriger. Experimentieren Sie spielerisch mit den Aufgaben für Ihren Hund, lassen Sie daraus einen Wettkampf zwischen Ihnen beiden (oder zwischen dem Hund und den Kindern) werden. Gibt es so schwierige Verstecke, dass der Hund den Gegenstand nicht wiederfindet? War ein Versteck wirklich einmal zu schwer, bedenken Sie, dass es wichtig ist, die Übungen immer mit einem Erfolgserlebnis für den Hund zu beenden. Lassen Sie Ihren Hund also noch einmal suchen und diesmal etwas finden!

Immer wenn Sie dies üben, sollten Sie, wie bei jedem anderen Training auch, darauf achten, aufzuhören, solange der Hund noch Lust auf mehr hat. Wenn Sie weitermachen, bis er müde wird, verliert er vielleicht das Interesse an dem Spiel. Gerade zu Beginn, während der Lernphase, ist es wichtig, dies zu bedenken! Später, wenn der Hund das Spiel verstanden hat und es gern ausführt, können Sie ihn ab und zu weitermachen lassen, bis er von selbst aufhört.

Manche Hunde mögen einen bestimmten Gegenstand besonders gern und wollen nur nach diesem suchen, bei anderen können Sie die Sache, nach der gesucht werden soll, ab und zu wechseln.

Eine lustige Variante:

Wenn Sie sich an Versteckspiele wie das Ostereiersuchen erinnern, gab es da noch eine wichtige Komponente: Man ruft nämlich „wärmer", wenn der Suchende sich dem versteckten Gegenstand nähert, und „kälter", wenn er sich davon wegbewegt.

Das können Sie auch Ihrem Hund beibringen! Wenn Sie immer „wärmer" sagen, sobald er sich in der Nähe des Gegenstands befindet, wird er lernen, was es bedeutet, und anfangen, auf dieses Wort hin intensiver zu suchen. In gleicher Weise wird er verstehen, dass die Chancen schlechter stehen, den Gegenstand zu finden, wenn er das Wort „kälter" hört. Sagen Sie einfach jedes Mal „kälter", sobald er sich vom Gegenstand entfernt.

Sie sollten allerdings zuerst alle anderen Schritte abarbeiten, damit Ihr Hund den Sinn des Spiels verinnerlichen kann, bevor Sie es auf diese Weise ergänzen.

Dirham und die Handtasche

Vor vielen Jahren hatte ich einen Belgischen Schäferhund, einen geprüften Spürhund der norwegischen Rettungshundestaffel „Norske Rednings-hunder". Er stöberte gerne nach Dingen, die Leute „verloren" hatten, und natürlich war er darauf trainiert, das auch auf mein Kommando hin zu tun. Als wir einmal durch meinen Wohnort spazieren gingen, wollte er unbedingt einer Spur in die dichten Büsche neben dem Fußweg folgen. Ich war gewohnt, ihm zu vertrauen, und weil er seiner Sache offensichtlich völlig sicher war, ließ ich ihn laufen. Er wühlte eine Weile in dem Gebüsch und kam dann mit einer Handtasche zwischen den Zähnen wieder heraus. Ich hatte den Eindruck, als würde er dies mit einem breiten Grinsen tun. Die Tasche enthielt keine Wertsachen, aber einige persönliche Gegenstände. Ich gab sie bei der Polizei ab. Es stellte sich heraus, dass die Handtasche einer älteren Dame gehörte, die vor einigen Tagen überfallen worden war. Sie freute sich sehr, ihre Tasche samt Inhalt wiederbekommen zu haben.

Die Spielzeuge des Hundes benennen

Eine weitere lustige Variante des Versteckspiels „Suche nach Gegenständen"
ist es, dem Hund beizubringen, nach einem bestimmten Spielzeug oder anderen Gegenstand zu suchen. Irgendwo im Haus, im Garten oder im Gelände
liegt der „Teddy" und Sie fordern Ihren Hund auf, ihn zu holen. Ihr Hund durch-
stöbert das ganze Haus und geht auf seinem Weg an allen anderen Spielzeu-
gen vorbei, denn jetzt zählt nur der Teddy und nichts anderes. Den haben Sie
entweder selbst versteckt oder er liegt einfach da, wo zuletzt mit ihm gespielt
wurde.

Das ist Ihr Ziel! Bis dahin müssen Sie noch ein wenig Arbeit investieren, aber
es ist bei weitem nicht so schwierig, wie es vielleicht im ersten Augenblick
erscheinen mag. Folgen Sie der Trainingsanleitung, dann werden Sie erleben,
dass Ihr Hund schneller lernt, als Sie wahrscheinlich gedacht hatten.

Wählen Sie ein Spielzeug oder ein anderes Ding aus, das Ihr Hund gern mag
und bleiben Sie während der gesamten ersten Trainingsphase dabei. Erst
wenn Ihr Hund den Gegenstand, mit dem Sie angefangen haben, sicher
zuordnet, ist die Zeit reif, den Namen eines weiteren Gegenstands zu vermitteln. Hier im Buch beginne ich mit einem Teddy; selbstverständlich können
Sie auch etwas anderes nehmen, wenn Sie möchten.

1 Halten Sie Ihrem Hund den Teddy hin und locken Sie ihn, damit er ihn nimmt. Fasst der Hund zu, sagen Sie im selben Augenblick sanft und aufmunternd „Teddy", loben lebhaft und spielen zur Belohnung ein bisschen mit ihm. Wiederholen Sie dies zwei- bis fünfmal.

2 Anstatt dem Hund den Teddy hinzuhalten, legen Sie das Stofftier auf den Boden. Nimmt ihn der Hund nicht von alleine auf, animieren Sie ihn, um sein Interesse zu wecken. Zum Beispiel, indem Sie den Teddy ein paar Zentimeter wegstupsen oder Katz und Maus damit spielen. In dem Moment, in dem der Hund zupackt, sagen Sie wieder „Teddy" und loben und spielen (ganz kurz) weiter. Wiederholen Sie diesen Schritt ein- bis fünfmal direkt nacheinander.

3 Der erste kleine Test: Während Sie den Hund am Geschirr halten, legen Sie den Teddy vor ihm so auf den Boden, dass er ihn sehen kann. Lassen Sie ihn dann los und sagen Sie gleichzeitig „Teddy". Geht der Hund jetzt los und holt das Stofftier, hat er das Wort wahrscheinlich verstanden. Wiederholen Sie es ein- bis fünfmal. Denken Sie daran, mit dem Spiel aufzuhören, solange es noch Spaß macht.

3

4

Wenn Sie diese drei Schritte direkt hintereinander durchgearbeitet haben, sollten Sie jetzt eine Pause von mindestens zehn Minuten einlegen. Nach der Pause empfiehlt es sich, nicht da fortzufahren, wo Sie zuletzt angelangt waren, sondern immer zuerst mit etwas Einfachem zum Aufwärmen zu beginnen. Fangen Sie mit einer Übung an, die Ihr Hund ganz bestimmt schafft, Schritt 1 zum Beispiel, und gehen Sie dann direkt zu den Schritten 2 und 3 über. Erst wenn das alles problemlos funktioniert, wagen Sie sich an den nächsten Arbeitsschritt:

4 Jetzt ist es Zeit, das Stofftier außer Sichtweite des Hundes zu verstecken. Dazu lassen Sie Ihren Hund warten oder binden ihn falls nötig an. Zeigen Sie ihm den Teddy, bevor Sie weggehen, um diesen dann hinter eine Türschwelle oder an irgendeine andere Stelle zu legen, die der Hund nicht sehen kann. Kommen Sie zu ihm zurück, lassen Sie ihn laufen und loben Sie überschwänglich, wenn er den Teddy findet. Ich würde dem Hund beim ersten Versuch, den Gegenstand außer Sichtweite zu verstecken, kein Kommando geben, sondern erst, wenn ich festgestellt habe, dass er die Aufgabe wirklich lösen kann. Wiederholen Sie die Suche auf diese Weise ein- bis fünfmal.

5

6

 Nun erhöhen Sie die Anforderungen: Der Teddy liegt jetzt an einer Stelle, die der Hund erst sehen kann, wenn er schon etwas intensiver sucht, zum Beispiel unter einem Kissen oder zwischen zwei Stuhlbeinen. Gestalten Sie die Sache aber nicht zu kompliziert, sonst könnte der Hund aufgeben. Steigern Sie den Schwierigkeitsgrad nach und nach. Wenn die Aufgabe trotzdem einmal unlösbar bleibt, stellen Sie als Nächstes eine ganz leichte, die der Hund bestimmt bewältigt, belohnen Sie reichlich und machen Sie anschließend eine Pause. Erliegen Sie nie der Versuchung, Ihrem Hund bei der Lösung der Aufgabe zu helfen, denn dann lernt er nur, dass es sich auszahlt aufzugeben. Wiederholen Sie diesen Schritt ein- bis fünfmal.

6 Nun wollen wir ausprobieren, ob Ihr Hund den Unterschied zwischen „Teddy" und dem restlichen Spielzeug versteht. Dafür legen Sie den Teddy und ein oder zwei andere Spielsachen auf den Boden, sagen „Teddy" und lassen den Hund alleine arbeiten. Alle Spielzeuge liegen gut sichtbar nebeneinander. Wählt der Hund das richtige aus, sind Sie beide am Ziel. Herzlichen Glückwunsch!

8

Entscheidet er sich aber falsch, ignorieren Sie das einfach, gehen zurück zu
Schritt 3 und arbeiten sich wieder bis Abschnitt 6 durch. Hebt der Hund eines
der anderen Spielzeuge auf, sehen Sie weg und nehmen es nicht entgegen.
Wenn Sie Glück haben, legt der Hund dann diesen Gegenstand weg und setzt
die Suche fort. Wählt er dann den Teddy, so soll für den Hund Weihnachten,
Ostern und Geburtstag gleichzeitig stattfinden! Feiern Sie ein Fest, belohnen
Sie Ihren Hund reichlich und machen Sie dann eine Pause.

Wiederholen Sie diese Übung, bis Ihr Hund leicht und ohne zu zögern den
Teddy aus allen möglichen Gegenständen auswählt, die Sie auf dem Boden
platziert haben.

7 Kennt Ihr Hund jetzt den Unterschied zwischen dem Teddy und anderem Spielzeug, können Sie beginnen, mehrere Dinge im Haus zu verstecken. Dann fordern Sie den Hund auf, „Teddy" zu suchen, und veranstal-
ten ein großes Fest, wenn er das richtige Spielzeug findet. Entscheidet er
sich für etwas Falsches, gehen Sie zurück zu Schritt 6.

8 Möchten Sie noch weiter an dieser Aufgabe arbeiten, können Sie den
Teddy und andere Spielsachen in andere Umgebungen mitnehmen, um
dann an jedem neuen Ort alle Schritte wieder durchzugehen. Sie können überall trainieren: im Garten, im Park, im Wald, bei Freunden, auf
dem Hundeplatz und so weiter. Sie werden feststellen, dass Ihr Hund in
jeder weiteren neuen Umgebung schneller lernt.

10

9 Wenn Ihr Hund ganz sicher weiß, was der Teddy ist, bringen Sie ihm die Namen anderer Spielzeuge bei. Folgen Sie bei jedem Gegenstand den geschilderten Lernschritten. Am besten wählen Sie für die einzelnen Spielsachen Namen, die deutlich verschieden klingen.

10 Es kann für den Hund zunächst schwierig sein, den Teddy zu ignorieren, wenn Sie ein neues Spielzeug einführen wollen (zum Beispiel einen „Ball"). Verwenden Sie deshalb zunächst „neutrale" Gegenstände (solche, die noch keinen Namen bekommen haben) bei den Auswahlaufgaben, bis der neue Name „Ball" sicher gelernt ist. Erst dann können Sie dem Hund den Teddy und den Ball vorlegen und ihm den Unterschied zwischen den beiden beibringen. Sie sollten das jedoch nicht zu oft direkt nacheinander üben, denn dann könnten Sie Ihren Hund verwirren. Machen Sie deshalb nur einige wenige Wiederholungen, und zu Beginn hören Sie gleich nach dem ersten Mal auf, wenn der Hund die Aufgabe richtig gelöst hat.

Eine andere Methode, die auch sehr gut funktioniert, ist, den Hund beim Spiel zu beobachten: Wenn er sich ein Spielzeug greift, sagen Sie augenblicklich den Namen des Gegenstands, loben Sie überschwänglich und spielen Sie mit Ihrem Hund. Nach ein paar Wiederholungen versteht er beispielsweise, dass „Ball" der Gummiball, „Teddy" der Teddy und „der Rote" der rote Ball ist.

Auf diese Art und Weise können Sie Ihrem Hund auch ganz einfach beibringen, wie Ihre Hausschuhe heißen. Wäre es nicht nett, einen Hund zu haben, der Ihnen Ihre Pantoffeln bringt, wenn Sie ihn darum bitten?

Während eines Kurses in Deutschland im Herbst 2003 erzählten Teilnehmer von einem Hund, der gerade im deutschen Fernsehen gezeigt worden war: Ein junger Border Collie hatte sich verletzt und musste einige Monate geschont werden. Keine leichte Aufgabe! Seine Besitzer wussten sich zum Glück zu helfen: Sie trainierten den Hund gezielt darauf, mit dem Kopf zu arbeiten statt mit seinen Beinen. Auch für Hunde ist Denken mindestens genauso anstrengend wie Laufen. Der junge Border Collie lernte die Namen aller seiner Spielzeuge und vieler anderer Dinge kennen, bis er schließlich fast 100 – einhundert (!) – verschiedene Gegenstände auseinander halten und auf Kommando bringen konnte.

Flächensuche:
die Kunst, Dinge wiederzufinden,
die Menschen verloren haben

Flächensuche ist für manche ein Wettkampfsport, andere setzen diese Art der Suche im Ernstfall ein, für die meisten ist es aber einfach eine unterhaltsame Beschäftigung gemeinsam mit ihrem Hund. Sie lässt sich folgendermaßen beschreiben: Ihr Hund schnüffelt sich durch das Gelände, immer in „Bahnen" von Ihrem Standpunkt aus. Er läuft und schnuppert eifrig, in etwa 50 Metern Abstand wendet er und kommt zu Ihnen zurück. Sie richten ein paar freundliche Worte an ihn, gemeinsam bewegen Sie sich ein paar Meter weiter zur Seite und Sie schicken den Hund erneut voraus. Wieder läuft er fröhlich suchend durch das Gelände, um nach 50 Metern kehrt zu machen. Auf dem Rückweg hält er abrupt an, trabt einige Meter zur Seite, steckt den Kopf ins Unterholz und stürmt dann zu Ihnen zurück. Im Maul trägt er einen kleinen Stofffetzen für Sie! Er hat nämlich gelernt, dass Sie sich sehr darüber freuen, so sehr, wie er sich über das Hühnerfleisch freut, mit dem Sie ihn belohnen!

Auf diese Weise werden Sie und Ihr Hund ein 50 mal 50 Meter großes Feld durchsuchen und Sie können sicher sein, dass das gesamte Areal durchkämmt wurde. Es wird weder die hinterste Ecke noch irgendein anderer Winkel übrig bleiben, der nicht untersucht worden ist – und für den Sie in einem Wettkampf Punktabzug bekommen würden.

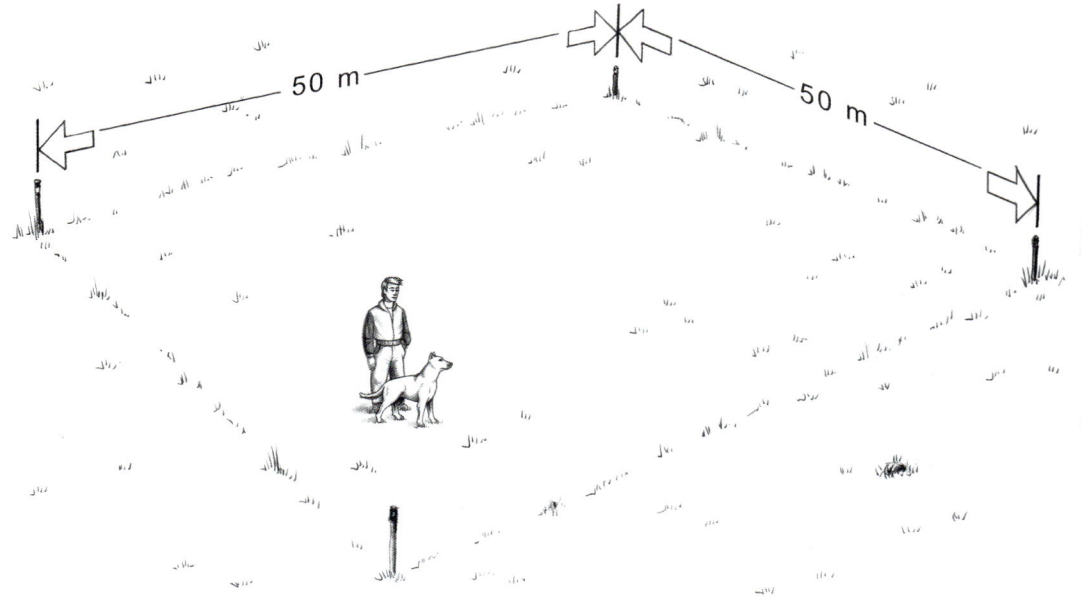

Der Weg zur gründlichen Flächensuche verläuft über mehrere Phasen und erfordert Geduld, systematisches Vorgehen und die Wahl einer möglichst optimalen Belohnung für den Hund. Viele Leute meinen, ich sei ein „Kontroll-Freak", denn ich möchte unbedingt steuern können, in welchem Bereich des Geländes der Hund sucht. Vielleicht haben sie Recht. Diese „Unart" habe ich mir im Lauf der Jahre als Trainerin von Minensuchhunden angeeignet, denn bei dieser Arbeit gibt es einfach keine Alternative zur systematischen Suche, bei der das Areal restlos durchkämmt wird. Nur so kann man sicher sein, dass der Hund wirklich alles findet. Gleichzeitig habe ich dadurch aber erfahren, wie gut dieses System funktioniert, und es deswegen an die Suche auf größeren Flächen bei der gröberen Sport- und Hobbysuche angepasst.

Ein Feld von 50 x 50 m hat eine ideale Größe, um die Flächensuche systematisch zu trainieren.

Wie immer teile ich das Training in kleine Schritte oder Phasen auf. Jede Phase hat ihr Ziel und ist ein Meilenstein für sich. Den Weg zum ausgebildeten Flächensuchhund teile ich in acht Schritte ein:

1 In der ersten Phase geht es darum, die Suchfreude des Hundes zu wecken.

2 In der zweiten Phase soll die Erfahrung den Hund lehren, dass alle netten Sachen, die er finden kann, in der Richtung liegen, in die die Nase seines Hundeführers zeigt. Dabei soll er darauf trainiert werden, bis in 50 Meter Entfernung vom Ausgangspunkt zu suchen.

3 In der dritten Phase lernt der Hund, auf Ihr Kommando hin zu suchen.

4 In der vierten Phase geht es darum, dass der Hund suchen soll, ohne das Verstecken beobachtet zu haben.

5 In der fünften Phase trainieren Sie das Suchen mit und ohne „Geruchsstraße".

6 In der sechsten Phase üben Sie mit dem Hund, auf den 50 Metern vom ersten bis zum letzten Meter gründlich zu suchen.

7 In der siebten Phase muss der Hund lernen, dass er vielleicht einmal nichts findet, aber beim nächsten Mal bestimmt wieder etwas zu erwarten hat.

8 In der achten Phase gilt es, die Suche auf alle Geländearten auszuweiten. Dann sind Sie und Ihr Hund am Ziel!

Für den Anfang brauchen Sie sehr gute Leckerchen, einige Gegenstände, die Ihr Hund besonders gern mag, und vielleicht eine Hilfsperson. All das nehmen Sie mit an den Ort, an dem Sie mit dem Training beginnen wollen. Am gewählten Trainingsort sollte es möglichst ruhig sein und keine oder zumindest nur wenig Ablenkungen geben. Auch wenn Ihr Hund nicht apportiert, können Sie die beschriebenen Aufgaben durchführen, indem Sie Leckerbissen an Stelle von Gegenständen auslegen. Es ist durchaus möglich, über einen längeren Zeitraum so zu üben und parallel das Apportieren aufzubauen.

In der Lernphase würde ich immer den Gegenstand gegen einen hochgeschätzten Leckerbissen eintauschen, anstatt mit dem Hund zu spielen, denn das Spiel lenkt stark vom Trainingsinhalt ab. Hat der Hund bereits etwas mehr Erfahrung, spiele ich auch manchmal zur Belohnung mit ihm.

Phase 🔢1 Suchfreude

Da es in diesem Abschnitt hauptsächlich um die Arbeitsfreude des Hundes geht, ist es von entscheidender Bedeutung, dass er etwas wirklich Tolles findet. Es reicht nicht aus, wenn er nur „geneigt" ist, den Gegenstand in den Fang zu nehmen.

Binden Sie den Hund fest oder halten Sie ihn an der Leine. Dann gehen Sie (oder ein Helfer) voraus und legen eine Art „Geruchsstraße", indem Sie auf einer Breite von drei bis vier Metern in Zickzack-Linien hin- und herlaufen. Beim ersten Mal sollten Sie nicht zu weit gehen, vielleicht nur etwa 10 bis 20 Meter. Achten Sie darauf, dass Ihr Hund sieht, was Sie oder der Helfer in der Hand tragen, reizen Sie ihn aber nicht übermäßig mit dem Gegenstand! Achten Sie darauf, die eingeschlagene Richtung einzuhalten, denn das ist ziemlich schwierig, wenn man sich im Zickzack-Kurs vorwärts bewegt! Ihr Hund sollte die ganze Zeit zusehen. An dem Punkt, an dem Sie kehrtmachen, werfen Sie den Gegenstand, zum Beispiel einen Handschuh, in die Luft und kehren dann im Zickzack zurück. Auf diese Weise wird für den Hund eine Geruchsstraße gelegt, die ihm dabei hilft, die Richtung auf das Zielobjekt beizubehalten, die ihn aber gleichzeitig daran hindert, direkt der Fährte zu folgen, die Sie oder Ihr Helfer zwangsläufig hinterlassen. Wenn Sie den Hund jetzt loslaufen lassen, tun Sie es die ersten Male ganz ohne ein Signal oder Kommando!

Der Hund orientiert sich an der Geruchsstraße, um den verlorenen Gegenstand zu finden.

Findet der Hund den Handschuh, loben Sie ihn und zeigen sich zufrieden – bringt er Ihnen den Gegenstand zurück, tauschen Sie ihn sofort gegen ein wirklich gutes Leckerchen, das Sie bereithalten. Achten Sie bitte darauf, dass Sie an diesem Punkt nicht zu viel Zeit verstreichen lassen!

Insbesondere zu Beginn ist es außerdem wichtig, dass der Gegenstand, den der Hund findet, für ihn wirklich etwas ganz Tolles darstellt. Mein eigener Hund liebt es, einen meiner Handschuhe zu finden, er gerät dann regelrecht außer sich vor Freude. Andere begeistern sich für ein Quietschtier, einen Ball oder auch einen Lumpen. Beobachten Sie Ihren Hund und finden Sie heraus, was er am liebsten mag.

Wiederholen Sie diese Übung höchstens fünfmal und machen Sie dann eine Pause. Wie bei jedem anderen Training auch, sollten Sie unbedingt mit der besten Leistung aufhören, die Sie von Ihrem Hund erwarten können, und stoppen, solange der Hund noch Lust auf mehr hat!

Ich wiederhole die Übung am Anfang immer mit derselben Geruchsstraße, das macht es dem Hund leichter.

Wenn Ihr Hund Probleme damit hat, den apportierten Gegenstand korrekt abzugeben, üben Sie das bitte nicht hier, sondern getrennt, in einem anderen Zusammenhang. An dieser Stelle trainieren Sie ausschließlich, dass Suchen und Finden Spaß machen!

Wird Ihr Hund müde und wirkt er angestrengt, gestalten Sie die Suche zunächst noch kürzer und lassen Sie ihn nur ein- oder zweimal nacheinander etwas suchen, bevor Sie wieder eine Pause einlegen.

Phase 2 Gesucht wird nach einem bestimmten Schema – in gerader Linie vom Hundeführer bis in 50 Meter Entfernung

Hier ist es wichtig, dass Sie es nicht zu eilig haben und bei der Vorbereitung nicht tricksen. Damit der Hund die Suche zuverlässig genau gerade vor Ihnen ausführt, dürfen jetzt keine „Unfälle" passieren, indem er irgendetwas im „Abseits" findet. Nehmen Sie sich lieber etwas mehr Zeit für die einzelnen Suchaufgaben. Qualität geht vor Quantität!

Sie setzen weiterhin die Geruchsstraße wie in Phase 1 ein und arbeiten mit Gegenständen, die der Hund gerne mag.

Binden Sie den Hund an oder halten Sie ihn fest, während ein Helfer den Gegenstand wegträgt. Wenn der Hund sicher auf 30 Meter Entfernung sucht, erhöhen Sie den Abstand, am besten in Fünf-Meter-Schritten. Die meisten Hunde werden die Vergrößerung der Distanz nach zwei bis fünf Wiederholungen verstehen. Schafft der Hund die Verlängerung der Suchstrecke um fünf Meter nicht, versuchen Sie es mit drei, zwei oder einem Meter. Wichtig ist, es immer nur ein wenig schwieriger zu machen, aber nie so kompliziert, dass Ihr Hund keine Chance mehr hat. Denken Sie daran, dass das Gefühl, es schaffen zu können, auch beim Hund den Lerneifer weckt! Das Gefühl, es nicht schaffen zu können, frustriert hingegen und macht keine Lust auf mehr von dieser Aufgabe!

Erhöhen Sie die Länge der Suchstrecke kontinuierlich. Auch wenn Sie zunächst die Distanz nur um jeweils ein bis zwei Meter erweitern konnten, ist es später häufig möglich, in größeren Schritten fortzufahren, wenn der Hund etwas Erfahrung gesammelt hat.

Wenn Sie sicher sind, dass Ihr Hund die gesamte Distanz von 50 Metern gerade von Ihnen weglaufen und absuchen wird, ist es soweit, diese Übung mit einem Signal zu verknüpfen.

Phase [3] Wie Sie dem Hund beibringen, auf Ihr Kommando hin zu suchen

Ich bin immer sehr genau, was die Wortwahl im Umgang mit meinen Hunden betrifft, und noch genauer bin ich, wenn es um den Zeitpunkt geht, zu dem ich Signale einführe. Normalerweise veranlassen ganz andere Dinge als die vermeintlichen Kommandos den Hund dazu zu arbeiten. In unserer Übung hier ist es die Beobachtung des Helfers oder des Besitzers, der den Gegenstand auslegt. Bevor ich ein Signal einführe, vergewissere ich mich immer, dass der Hund die Aufgabe wirklich verstanden hat. Ich möchte nicht „Such hier!" als Signal geben und dann zusehen, wie der Hund losläuft und ein Bad im Bach nimmt. ☹ Ein Hund mit schneller Auffassungsgabe verknüpft schon nach zwei Wiederholungen, dass „Such hier!" „Baden im Bach" bedeutet. ☹☹ Wenn Sie es richtig machen, kann der Hund aber genauso gut schon nach zwei Durchgängen die gewünschte Assoziation lernen! ☺

Sie haben also die Phasen 1 und 2 durchgearbeitet und Ihr Hund sucht freudig und zuverlässig. Jetzt wiederholen Sie im Prinzip nur Phase 2 und lassen den Hund zwei- oder dreimal hintereinander suchen. Gestalten Sie es gerade jetzt nicht zu lang oder besonders schwierig, denn beim dritten oder vierten Anlauf kommt diesmal etwas Neues. Helfen Sie dem Erfolg etwas nach, benutzen Sie große Suchgegenstände, die Ihr Hund besonders liebt. Bewältigt er alle drei Suchvorgänge zur Zufriedenheit, ist die Wahrscheinlichkeit hoch, dass er auch den vierten gut meistern wird. Jetzt führen Sie das Signalwort ein.

Bereiten Sie die vierte Aufgabe vor und in dem Augenblick, in dem Sie den Hund loslaufen lassen, sagen Sie: „Such hier!" Natürlich können Sie auch ein anderes Wort als Kommando wählen. Es kommt hauptsächlich darauf an, dass es Ihr Hund vom Klang aller anderen Signale, die er kennt, unterscheiden kann, und Sie müssen natürlich immer dasselbe Wort verwenden.

Ein kurzes Spiel mit dem gefundenen Gegenstand und eine anschließende Pause sollten sich mit den Trainingseinheiten abwechseln.

Macht Ihr Hund es jetzt richtig, geben Sie ihm einen besonders guten Lecker-bissen und hören Sie auf. Spielen Sie mit ihm und dem Gegenstand, den er gefunden hat und machen Sie eine Pause. Nach dieser kurzen Unterbrechung wiederholen Sie die Übung nochmals mit demselben Ablauf wie eben, aller-dings können Sie das Signal nun schon beim zweiten oder dritten Mal geben.

Hat Ihr Hund es nicht richtig gemacht, als Sie das Kommando eingeführt haben, dann gehen Sie noch einmal für eine Weile zu Phase 2 zurück und ver-zichten auf das Signal, bis Sie sich ganz sicher sind, dass es funktionieren wird.

Läuft es jetzt gut, lassen Sie den Hund nach einer Pause zunächst einmal ohne Signal suchen. Wenn das klappt, schicken Sie ihn einmal mit Kommando auf die Suche. So fahren Sie fort. Lassen Sie den Hund als Test, ob er mitarbeitet, immer einmal ohne Signal loslaufen und beim zweiten Mal geben Sie ihm das Kommando zur Suche. Nach einiger Zeit brauchen Sie nur noch einen einzigen Testlauf, an den Sie vielleicht zwei oder drei Suchvorgänge mit Signalwort anschließen. Hat Ihr Hund drei bis fünf Durchgänge dieser Art – natürlich mit Pausen dazwischen – absolviert, hat er vermutlich das Signal verstanden. Außerdem ist es jetzt Zeit für eine längere Pause. Danach sind Sie beide bereit für neue Aufgaben, in denen der Hund suchen soll, obwohl er Sie beim Auslegen der Gegenstände nicht beobachten konnte.

Beenden Sie die Übung, solange der Hund noch Lust auf mehr hat und wenn er alles richtig macht!

Phase 4 Wie der Hund lernt zu suchen, ohne das Verstecken beobachtet zu haben

Sie legen wie bisher vor jeder Suche eine Geruchsstraße, aber jetzt darf der Hund nicht mehr zuschauen, wie Sie den Gegenstand wegtragen. Lassen Sie den Hund drinnen, im Auto oder so weit entfernt warten, dass er nicht sehen kann, was Sie machen.

Sie gehen wie bisher im Zickzack vom Ausgangspunkt los und legen einen der Lieblingsgegenstände des Hundes aus. Denken Sie immer daran, dass Sie, wenn Sie einen Aspekt der Aufgabe erschweren, alle anderen möglichst etwas leichter gestalten sollten. Trainieren Sie nie verschiedene Details einer Übung gleichzeitig! Darum sollte die Suchstrecke jetzt nicht besonders weit und der Gegenstand nicht aufwändig versteckt sein. Der Kern der Sache ist zu testen, ob der Hund auch sucht, wenn er nicht zugesehen hat, wie etwas versteckt wurde. Wenn er es tut, sollte er zur Belohnung auf jeden Fall etwas finden, deshalb darf die Aufgabe keinesfalls zu schwer sein. Auf diese Weise werden Sie nun feststellen, ob Ihr Kommando dem Hund etwas sagt oder nicht.

Gelingt die erste Suche ohne Zusehen, belohnen Sie den Hund, machen Sie eine kurze Pause und schicken Sie ihn noch einmal auf die Suche, wieder ohne dass er das Verstecken beobachtet hat und mit einem tollen Spielzeug als Suchgegenstand. Üben Sie an diesem Punkt aber nicht zu oft hintereinander. Auch hier gilt: besser zu selten als zu oft!

Hat es nicht funktioniert, arbeiten Sie noch mal an den Phasen 2 und 3, bevor Sie dem Hund eine neue Chance geben, es mit Phase 4 zu versuchen.

Phase 5 Wie der Hund lernt, ohne die Hilfe der Geruchsstraße zu suchen

Die Übungsphase, während der dem Hund die Suche erleichtert wurde, indem er beim Verstecken zuschauen konnte, ist nun für Sie beide vorbei. Jetzt muss Ihr Hund außerdem lernen, ohne die Unterstützung der Geruchsstraße ein Gelände zu durchsuchen. Das ist vielleicht der kritischste Trainingsabschnitt.

Die erste Aufgabe ohne Geruchsstraße, die der Hund gestellt bekommt, muss so geplant werden, dass er mit großer Wahrscheinlichkeit Erfolg hat. Am besten legen Sie den Gegenstand genau in dem Abstand aus, bei dem Sie ganz sicher sind, dass er ihn finden wird. Manche Hunde rennen zunächst acht bis zehn Meter los und fangen erst dann an zu suchen. Für so einen Hund würde ich den Gegenstand die ersten Male genau dort platzieren. Andere beginnen schon bei zwei oder drei Metern mit der Suche, für sie sollte der Fund in diesem Bereich liegen. Ihr Hund soll jetzt lernen, dass Ihr Kommando „Such hier!" bedeutet, dass es wirklich etwas zu finden gibt, auch wenn keine Geruchsstraße dorthin führt. Darum benutzen Sie wieder große tolle Gegenstände und machen es ihm besonders leicht.

Wie Sie sich wahrscheinlich schon gedacht haben, ist es gar nicht so einfach, den Gegenstand auszulegen, ohne dabei eine Geruchsspur zu hinterlassen, die dem Hund helfen könnte! Wenn Sie gut werfen können, stellt es kein Problem dar. Sonst müssen Sie Ihre Fantasie spielen lassen: Sie möchten ja, dass wirklich keine Fährte zum Gegenstand führt; ein Stück müssen Sie ihn also auf jeden Fall werfen. Sie können dafür parallel am gedachten Suchfeld entlanggehen und den Gegenstand von der Seite aus an seinen Platz werfen. Sie können aber auch einen großen Bogen machen und sich von der Rückseite dem Feld nähern, wenn Sie den Gegenstand weit hinten zwischen 30 und 50 Metern platzieren möchten.

Für die erste Trainings-einheit ohne Geruchs-straße verwenden Sie am besten Gegenstände, die Ihr Hund zuverlässig sucht und findet.

Wenn Sie den Gegenstand zu weit weg legen, kann es passieren, dass Ihr Hund anfängt, nach rechts und links abzubiegen und dort zu suchen, bevor er ihn erreicht hat. Liegt das Fundstück aber zu dicht bei Ihnen, läuft er womöglich daran vorbei. Ist einer dieser Fälle eingetreten, rufen Sie den Hund zu sich. Achten Sie darauf, dass er jetzt möglichst nichts findet! Gehen Sie ein paar Schritte zur Seite, so dass Sie Ihren Hund mit etwas Abstand schräg an dem Fundstück vorbei abrufen können. Findet er den Gegenstand aber doch, müssen Sie ihn belohnen und eine neue Aufgabe stellen.

Wenn alles gut geklappt hat, belohnen Sie, machen eine Pause und setzen das Training nach einer kleinen Weile fort. Stück für Stück legen Sie den Gegenstand weiter weg, bis Ihr Hund zuverlässig die Distanz von 50 Metern absucht. Gehen Sie dabei vor, wie in Phase 2 beschrieben. Oft sind dafür nur einige wenige Trainingseinheiten notwendig. Vergessen Sie dabei aber nicht die goldene Regel: höchstens fünf Wiederholungen in Folge!

Hat es nicht so gut funktioniert, war das kein Fehler des Hundes – seien Sie also nicht böse oder sauer auf ihn. Denken Sie in Ruhe nach! Was könnte passiert sein? Gestalten Sie eine neue Aufgabe so einfach wie möglich und tun Sie alles Erdenkliche, um Fehler zu vermeiden und den Hund zum Erfolg zu führen. Eine Möglichkeit ist, die Übung gegen den Wind durchzuführen, denn das erleichtert dem Hund die Suche. Wenn Sie die Windrichtung zu Hilfe nehmen möchten, sollten Sie dies aber nicht zu häufig tun, denn der Hund soll schließlich lernen, ohne Unterstützung zu arbeiten – weder von der Geruchsstraße noch vom Wind. Dagegen macht es nichts, wenn der Gegenstand so groß ist, dass der Hund ihn sehen kann, wenn er sich nähert. Er sollte ihn nur nicht gleich von Anfang an sichten können. Dabei kann man sich Gestrüpp und hohes Gras zunutze machen.

Phase 6
Die Gründlichkeit bei der Suche – wie der Hund lernt, vom ersten Schritt an und bis in 50 Metern Entfernung zu suchen

Ich weiß nicht, wie oft Hundebesitzer mir stolz erzählt haben, dass Ihr Hund ein hervorragender Suchhund sei, der das gesamte Areal durchstöbere und sowohl eigene als auch Fremdgegenstände finde. Bekomme ich Gelegenheit dazu, stelle ich die allzu sehr von sich Überzeugten gerne mal auf die Probe: Während der Besitzer damit beschäftigt ist, sich und den Hund in Startposition zu bringen, ich mich also unbeobachtet fühlen kann, lasse ich das Lederetui mit meinem Taschenwerkzeug unauffällig ein bis zwei Schritte hinter der Startlinie ins Gras fallen.

Bis jetzt hat kein Hund diese Aufgabe gelöst. Wie sieht's mit Ihrem aus? Vielleicht bin ich ja auch nur etwas zu stark vom Ernst meiner Arbeit mit Minensuchhunden beeinflusst? Aber nein, schließlich soll doch das gesamte Areal durchsucht werden und das beginnt an der gedachten Linie zwischen den Markierungsbändern.

Um dem Hund beizubringen, vom ersten Schritt an aufmerksam zu sein, beginnen Sie wieder dort, wo er normalerweise anfängt zu suchen. Die meisten Hunde entwickeln hier ein Muster: Manche rennen die ersten drei, fünf oder zehn, andere sogar die ganzen 30 oder 50 Meter, bevor sie Nase und Hirn einschalten. Wie auch immer Ihr Hund es damit hält, an diesem Punkt fangen Sie an!

Stellen wir uns vor, Ihr Hund habe sich angewöhnt, 15 bis 20 Meter vorzupreschen, ehe er mit der Suche beginnt. Gut, dann legen Sie einen Gegenstand nach 20 Metern aus und belohnen ihn für seinen Fund. Beim nächsten Mal platzieren Sie das Fundstück in einer Entfernung von 18 Metern und geben eine große Belohnung, wenn es klappt. Beim dritten Mal liegt etwas in einer Distanz von 16 Metern. So fahren Sie fort, indem Sie die Strecke immer um zwei Meter verkürzen, bis Sie die Distanz auf vier oder fünf Meter ab der Start-

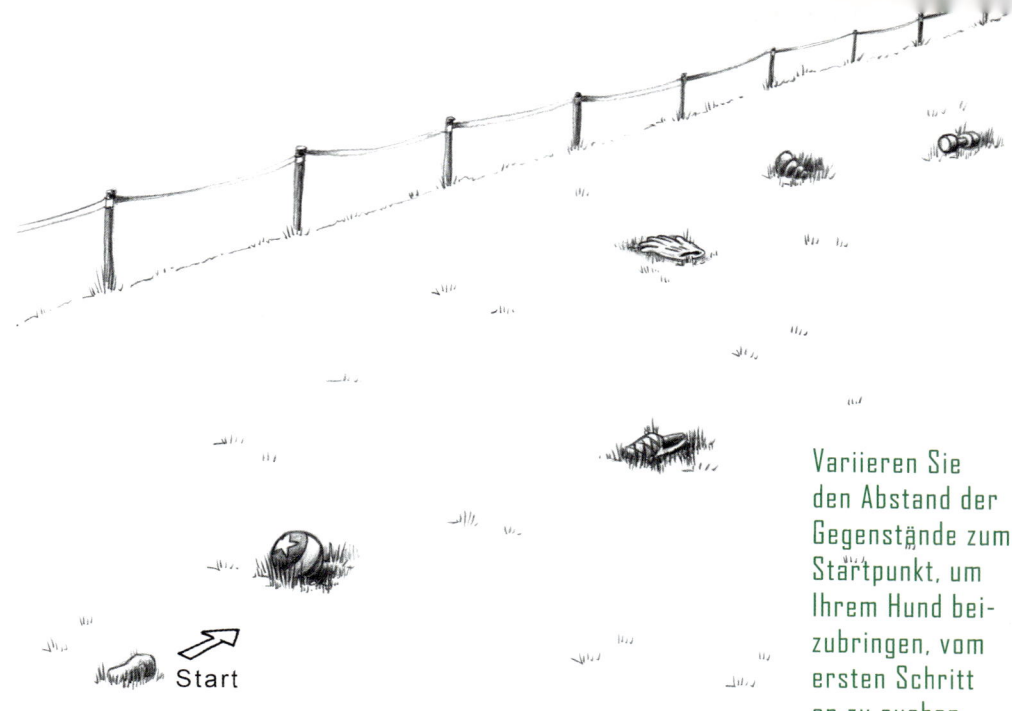

Start

Variieren Sie den Abstand der Gegenstände zum Startpunkt, um Ihrem Hund beizubringen, vom ersten Schritt an zu suchen.

linie verringert haben. Ab hier reduzieren Sie in kleineren Schritten, vielleicht nur jeweils um einen halben Meter. Ich empfehle, auf einem Gelände mit recht hohem Gras bzw. dichtem Unterholz zu arbeiten und große (und tolle!) Gegenstände zu benutzen. Steht Ihnen nur kurzer Rasen zur Verfügung, so wählen Sie einen kleineren Gegenstand, der aber einen umso höheren Wert für Ihren Hund hat. Jetzt ist es schon wichtig, dass das Fundstück nicht zu sehen ist, der Hund soll es schließlich schnüffelnd aufspüren.

Verkürzen Sie den Abstand zum Fund langsam so weit, bis der Hund Gegenstände findet, die 20 Zentimeter vor Ihren Füßen liegen – dann können Sie behaupten, dass Ihr Hund das gesamte Feld vom Startpunkt an absucht!

Wenn Sie dieses Ziel erreicht haben, müssen Sie die Entfernung, in der der Gegenstand liegt, wieder variieren. Allerdings sollten Sie ihn im Training immer genau gerade vor Ihnen innerhalb der gedachten Geruchsstraße von drei bis fünf Metern Breite platzieren.

Immer wenn der Hund Schwierigkeiten mit einer bestimmten Entfernung zu bekommen scheint, üben Sie weiter, indem Sie sich dieser „Problemdistanz" Stück für Stück von einem Punkt aus annähern, der dem Hund leicht fällt.

Phase **7** Wie Sie Ausdauer und Motivation des Hundes ausbauen und leere Suchvorgänge einführen

Jetzt sind Sie und Ihr Hund schon bald am Ziel. Bis jetzt hat Ihr Hund jedes Mal etwas gefunden, außer wenn er am Fund vorbeigelaufen ist und die Aufgabe nicht bewältigt hat. Ganz unbekannt ist ihm vergebliches Suchen also nicht. Trotzdem müssen leere Suchvorgänge regulär eingeführt werden, damit Sie sichergehen können, dass der Hund weiterarbeitet, auch wenn er eine Zeit lang nichts findet und dadurch eventuell frustriert wurde.

Um auszuschließen, dass der Hund zur Seite ausweicht und so einen Gegenstand findet, auf den er erst später treffen sollte, müssen Sie jetzt gut planen. Eine gute Idee ist es, den Fund vorher von einem Weg oder Pfad oder einer anderen markanten Stelle aus zu platzieren. Dann schicken Sie den Hund beim ersten Mal in die falsche Richtung, aber ungefähr vom selben Punkt aus, den Sie auch später als Ausgangspunkt benutzen werden. Hat der Hund die 50 Meter erreicht, loben Sie ihn und rufen Sie ihn heran. Dann drehen Sie sich um und schicken ihn in die andere Richtung, dorthin, wo der Gegenstand versteckt liegt.

Eine andere Möglichkeit ist es, mit Rückenwind zu arbeiten. Legen Sie den Gegenstand aus und gehen Sie an der Seite des Suchfelds entlang und gegen den Wind zurück, so dass keine Fährte oder Witterung vom Startpunkt aus wahrnehmbar ist. Zur Sicherheit rücken Sie auch so weit zur Seite, bis Sie ganz sicher sind, dass der Hund den Gegenstand nicht finden wird, bevor Sie es wünschen! Schicken Sie den Hund zum Suchen aus, loben Sie, wenn er die volle Länge des Suchfelds durchgearbeitet hat, und rufen Sie Ihn zurück. Dann bewegen Sie sich auf dem Weg oder der gedachten Linie zur Seite bis zu der Höhe, an der der Gegenstand liegt, und lassen den Hund erneut suchen. Freuen Sie sich mit ihm, wenn er etwas aufstöbert! Findet er nichts, schicken Sie ihn noch einmal los.

Wenn der Hund einen leeren Suchvorgang bewältigt hat, müssen Sie ihm eine Serie mit Funden gönnen, vier oder fünf, vielleicht sogar zehn nacheinander. Erst dann schicken Sie ihn wieder auf eine erfolglose Suche. Lassen Sie ihn auf einem leeren Abschnitt suchen, loben Sie und rufen Sie ihn zurück. Dann bewegen Sie sich wieder ein bisschen weiter und zwar wiederum zu einem Teilstück, auf dem kein Gegenstand liegt, und schicken Sie den Hund erneut los. Loben Sie ihn überschwänglich, während er unterwegs ist und sucht, und rufen Sie ihn sofort heran, sobald er die 50 Meter erreicht hat. Bei der anschließenden dritten Suche muss jetzt ein besonders toller Gegenstand versteckt sein. Er muss aber so platziert sein, dass der Hund ihn wirklich erst bei der dritten Suche findet! Hierbei kann es nützlich sein, den Hund gegen den Wind arbeiten zu lassen, wie ich es in Phase 5 erwähnt habe.

Zu Beginn muss der Hund nach jedem leeren Suchvorgang eine Serie mit Fundstücken bekommen. Später, nach mehreren in Folge, ist dies von noch größerer Bedeutung, damit er weiterhin darauf vertraut, dass es normalerweise wirklich etwas zu finden gibt. Dann erhöhen Sie die Anzahl erfolgloser Suchrunden; der Hund sollte meiner Meinung nach vier- oder fünfmal suchen können, ohne etwas zu finden.

Wenn Sie die Anzahl leerer Suchvorgänge steigern, sollten Sie das Training so gestalten, dass es nicht immer frustrierender wird. Sobald der Hund drei erfolglose Runden bewältigt hat, bekommt er eine Serie mit Fundstücken, dann nur einen leeren Anlauf und dann gleich wieder Suchaufträge mit Erfolg. Variieren Sie ständig auf diese Weise. Ihr Hund sollte nicht erraten können, wie oft er jetzt erfolglos suchen muss; er soll im Gegenteil in dem Glauben loslaufen, dass es etwas zu finden gibt. Achten Sie darauf, wirklich kein Schema in der Abfolge von leeren und erfolgreichen Suchvorgängen zu entwickeln. Führen Sie ein Trainingstagebuch, in dem Sie die Abfolgen genau aufschreiben!

Phase 8 Generalisieren der Suche – wie der Hund lernt, in jedem Gelände, auf jedem Boden und bei jedem Wetter zu suchen

Sie sind gerade dabei, einen vollwertigen Flächensuchhund auszubilden. Was noch zu tun bleibt, ist, dem Hund weitere Erfahrungen zu bieten und seine Motivation zu trainieren, damit er auf jedem Gelände arbeitet. Schon viele Hundebesitzer mussten erleben, dass ihr Hund bei einem Wettkampf die gestellte Aufgabe nicht zufriedenstellend gelöst hat, weil er das Umfeld nicht kannte! Eine Suche im Gras ist etwas anderes als eine Suche im Unterholz, und wenn der Hund nur eines von beidem gewöhnt ist, kann ihm der unbekannte Boden große Schwierigkeiten bereiten. Darum sollten Sie das Trainingsareal so oft wie möglich wechseln. Sobald Ihr Hund die Suche in einer Umgebung beherrscht, ziehen Sie in eine andere um. Immer wenn Sie das Umfeld und den Untergrund verändern, müssen Sie mit den Anforderungen einige Schritte zurückgehen und das Ganze wie eine neue Aufgabe behandeln. Wenn der Hund bereits viele verschiedene Umgebungen kennen gelernt hat, fängt er an, den Suchvorgang zu generalisieren. Sie werden sehen, dass er dann für jeden neuen Geländetyp immer weniger Einarbeitungszeit braucht.

Üben Sie im Wald, im Park, auf einem Schulhof, am Strand oder an einem Flussufer. Haben Sie schon mal versucht, auf einer Wiese zu arbeiten, auf der Kuhfladen oder Pferdeäpfel liegen? Vielleicht sogar mit Weidetieren auf der benachbarten Koppel? Versuchen Sie es – Sie sollten Ihren Hund aber an einer langen Leine führen, um kein Risiko einzugehen.

Ein weiterer Aspekt, den viele Hundeführer nicht beachten, ist das Wetter. Wie schnell neigt man dazu, das Training bei schlechtem Wetter zu vernachlässigen! Wenn der Hund nie geübt hat, bei Regen zu suchen, wird er es entweder überhaupt nicht schaffen oder zumindest schlechter arbeiten. Und wie schnell wirft man dann dem Hund vor, er würde Regen nicht mögen!

Vor vielen Jahren habe ich einmal ein kleines Experiment gemacht. Mein Belgischer Schäferhund Dirham, von dem ich schon im Kapitel über die Suche nach Gegenständen berichtet habe, liebte es sehr, im Regen zu arbeiten, weil ich sehr oft bei Regenwetter besonders beliebte Leckerchen und Spielsachen eingepackt und mit ihm im Wald Fährtenarbeit und Flächensuche trainiert hatte. Wie gesagt, ich hatte das ganz bewusst so gemacht, um zu testen, ob es funktionieren würde – und das tat es! Sein ganzes Leben lang machte ihm schlechtes Wetter nicht das Geringste aus. Wenn Regen überhaupt Einfluss auf ihn hatte, dann war es eher so, dass er noch motivierter wurde. Wenn Sie Wert darauf legen, dass Ihr Hund bei jedem Wetter gerne mitarbeitet, dann sollten Sie selbst ausprobieren, mit Ihrem Hund so zu trainieren!

Üben Sie mit Ihrem Hund in unterschiedlichem Gelände zu unterschiedlichen Tageszeiten und bei jedem Wetter.

Ein paar abschließende Ratschläge und Tipps:

Hohe Motivation – oder nur hoher Stress?

Viele Hunde werden sehr aufgeregt und sind schnell übermotiviert, wenn sie dem Spurenleger beim Auslegen der Gegenstände zusehen können. Darum möchte ich so schnell wie möglich auf diese Sichthilfe verzichten. Für manche Hunde wird man sie noch früher beenden müssen, als es hier beschrieben ist, vor allem wenn sich herausstellt, dass das Zuschauen zuviel Stress verursacht. Unabhängig davon sollte der Spurenleger den Hund nicht absichtlich mit dem Gegenstand reizen, auch wenn das seine Aufmerksamkeit auf das Zielobjekt lenken soll. Das Ziel der Übungen ist ein Hund, der gründlich, konzentriert und schnell arbeitet. Ist der Hund aber hochgepowert und gestresst, läuft er zwar rasch, arbeitet aber unkonzentriert und es wird ihm schwer fallen, Signale von Ihnen wahrzunehmen. Er wird sogar vergessen, auf seiner eingeübten Strecke zu suchen. Viele Leute verwechseln Stress mit hoher Motivation!

> Manche Hunde werden sehr aufgeregt und unkonzentriert, wenn sie den zu suchenden Gegenstand vorher sehen.

Die Geruchsorgane des Hundes liegen in der Nasenhöhle. Er ist nur dann in der Lage zu riechen, wenn der Luftstrom diese Organe passiert (Fjellanger, norwegischer Biologe). Daher ist es nicht verwunderlich, wenn wir feststellen, dass ein Hund, der stark hechelt, große Schwierigkeiten hat, Gerüche zu analysieren, solange der Fang geöffnet ist. Auch deshalb sollten Sie bestrebt sein, Ihren Vierbeiner ruhig zu halten, denn unter dem Einfluss von Stress hechelt ein Hund eher, als wenn er entspannt ist. Wenn Ihr Hund sich leicht aufregt, sollten Sie erwägen, die Reihenfolge der Phasen abzuändern, indem Sie den vierten Abschnitt gegen den zweiten tauschen. Die übrigen Phasen lassen Sie dann wie beschrieben folgen. Auf diese Weise verringern Sie schnell die unerwünschten Auswirkungen, die das Beobachten des Helfers beim Verstecken des Gegenstandes verursacht.

Hohe Motivation ist nicht unbedingt gleichbedeutend mit viel Gebelle und Gewinsel des Hundes vor Beginn der Übung. Achten Sie darauf, die Übungen so aufzubauen, dass Ihr Hund ruhig und konzentriert arbeiten kann.

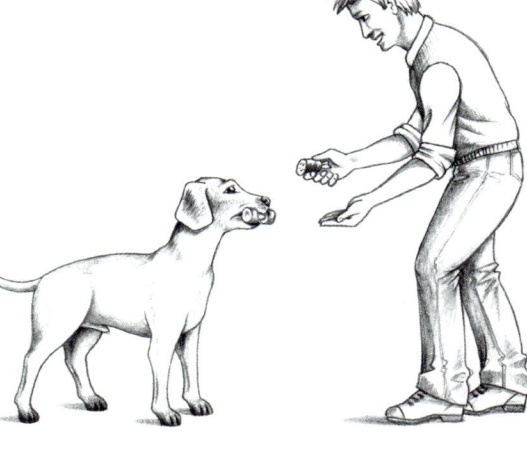

Den Gegenstand abliefern

Vielen Hundebesitzern fällt es schwer, ihren Hund dazu zu bewegen, einen zum Beispiel im Wald oder im Gras gefundenen Gegenstand ordnungsgemäß abzugeben. Denken Sie bitte daran, diesen Aspekt getrennt zu trainieren. Üben Sie es zu Hause, im Verein, überall, außer bei der Flächensuche, sonst könnte die Motivation des Hundes zu suchen beeinträchtigt werden. Wechseln Sie die Gegenstände, benutzen Sie große, kleine, schwere, leichte, harte, weiche, für den Hund interessante und weniger interessante. Achten Sie darauf, dass die Belohnung, die der Hund im Tausch für das Fundstück erhält, für ihn immer mindestens genauso wertvoll ist, wie das, was er abgeben muss! Erst wenn Sie mit dem Abgeben bei anderen Gelegenheiten zufrieden sind, ist es Zeit, dies auch bei der Flächensuche zu trainieren. Dann sollten Sie allerdings an keinem anderen Aspekt arbeiten. Trainieren Sie genau das und nichts anderes! Verstecken Sie einen Gegenstand. Er soll weder weit weg liegen noch schwer auffindbar sein. Belohnen Sie den Hund reichlich, wenn er das gefundene Objekt apportiert und abgibt – nicht mehr und nicht weniger. Es kann durchaus hilfreich sein, wenn Sie Ihren Hund zunächst als Aufwärmübung einige Gegenstände apportieren lassen und ihn dafür großzügig belohnen, bevor Sie mit der eigentlichen Suche beginnen. Sie könnten beispielsweise für den Apport ähnliche Dinge verwenden wie die Fundstücke, die im Anschluss gesucht werden sollen.

> Wenn Sie gegen ein Leckerchen tauschen, wird Ihr Hund den gefundenen Gegenstand sicher gerne abgeben.

Interesse für Gegenstände

Auch diesen Punkt sollten Sie außerhalb des Suchgeländes üben. Bei der Flächensuche legen Sie zunächst ausschließlich Fundstücke aus, von denen Sie ganz genau wissen, dass Ihr Hund sie liebt und mit Freude apportieren wird. Die Freude an anderen Gegenständen trainieren Sie zu Hause im Wohnzimmer, im Garten, im Park, im Wald oder wo immer Sie sonst die Möglichkeit dazu haben. Benutzen Sie eine ganze Sammlung verschiedener Gegenstände, damit Sie jederzeit variieren können. Dabei kann es sich um Korken, Streich-

holzschachteln, Filmdöschen, Knöpfe, Stofffetzen, Cellophanpapier, ungiftige Stifte, Tee-
löffel, abgebrannte Streichhölzer, Kabel-
stücke, Pappbecher oder -teller, Socken oder
was auch immer handeln, solange es nicht
schädlich für den Hund ist. Natürlich sollten
Sie keine Dinge verwenden, die Sie Ihrem
Hund ansonsten verbieten, in den Fang zu
nehmen.

Lassen Sie Ihren Hund auswählen, welchen Gegenstand er als Erstes suchen möchte.

Legen Sie einen Gegenstand auf den Boden und sobald der Hund Interesse
dafür zeigt, belohnen Sie ihn sofort. Vielleicht müssen Sie diesen Gegenstand
erst in die Hand nehmen, bevor Sie ihn hinlegen. Anschließend vergrößern
Sie dann den Abstand zwischen Hund und Fundsache Schritt für Schritt.
Gleichzeitig sollten Sie ständig größeres Interesse vom Hund verlangen, ehe
Sie ihn belohnen. Folgen Sie der Trainingsanleitung, wie ich sie im Kapitel
„Schlüsselsuche" beschreibe!

Die Abhängigkeit des Hundes von Hilfsmitteln
Wenn Sie den Hund zu lange beim Verstecken zusehen lassen oder den
Gegenstand zu lange sehr deutlich sichtbar platzieren, riskieren Sie, dass er
von dieser Hilfestellung abhängig wird. Darum ist es besser, wenn Sie ab und
zu prüfen, ob die Übung ohne jede Unterstützung funktioniert. Schafft der
Hund es dann nicht, gehen Sie einfach einen Schritt zurück und setzen wieder eine kleine Hilfe ein. Meistert er die Aufgabe jedoch, benötigt er die Hilfe
ab sofort nicht mehr.

Wie von der Sichtverbindung, so kann der Hund auch vom helfenden Wind
abhängig werden. Benutzen Sie den Wind daher nur selten als Unterstützung
und prüfen Sie immer wieder, ob es auch ohne ihn geht. Setzen Sie den
Gegenwind zu häufig ein, wird der Hund mit dieser Hilfe rechnen und sich
schwer tun, mit der Suche zu beginnen, wenn er keine Witterung mit dem
Wind aufnimmt. Während des Trainings sollten Sie häufig testen, welche Aufgaben Ihr Hund ohne Hilfe bewältigt. Mit den Anforderungen zu stagnieren,
wirkt sich genauso negativ aus wie zu schnelles Vorgehen!

Von Zeit zu Zeit können Sie die Suche gegen den Wind als zusätzliche Motivation für Ihren Hund einsetzen, aber tun Sie dies mit Bedacht. Seien Sie sparsam mit jeglicher Hilfestellung bei der Suche.

Die vollständige Suche (oder, wenn Sie so wollen, der Wettkampf)

Wenn der Hund fertig ausgebildet ist, egal ob Sie Flächensuche aus Spaß betreiben, bei Wettkämpfen antreten oder ihn tatsächlich als Suchhund einsetzen, finde ich es völlig legitim, wenn er auf jede Witterung anspricht und Gegenstände rechts und links vom Weg einsammelt. Nur im Training sollten Sie Wert darauf legen, die Suche zu kontrollieren und auf den Bereich genau vor Ihnen zu beschränken. Betrachten Sie Wettkämpfe als Test dafür, ob das System und die Zusammenarbeit zwischen Ihnen und Ihrem Hund funktionieren und entwickeln Sie keinen übertriebenen Ehrgeiz. Das Arbeiten soll Ihnen und Ihrem Hund in erster Linie Spaß machen.

Machen Sie sich Notizen, um die Trainingsfortschritte Ihres Hundes besser kontrollieren zu können.

Wenn Sie nicht an Turnieren teilnehmen wollen, empfehle ich Ihnen, dann und wann ein Suchareal mit Fundstücken zu präparieren, auf dem Sie und Ihr Hund sich dann versuchen können. Noch besser ist es, wenn jemand anders das Feld für Sie vorbereitet, so dass Sie selbst nicht wissen, wo die Gegenstände liegen. Dann werden Sie herausfinden, ob Sie Ihren Hund tatsächlich so dirigieren können, dass er das gesamte Gelände abarbeitet, ob er gründlich sucht, ob er den Wind als Hilfe braucht und viele weitere Dinge mehr. Notieren Sie alle Ungenauigkeiten und was Sie sonst verbessern möchten, damit Sie diese Aspekte bis zum nächsten Test gezielt üben können. Natürlich sollten Sie auch all das vermerken, womit Sie zufrieden sind!

Lassen Sie Ihren Hund ruhig frei im ganzen Areal suchen, wenn er es so möchte. Hunde können systematisch suchen, auch wenn wir es nicht mit ihnen trainiert haben. Allerdings haben Sie mit Ihrem Hund geübt, nach Ihrem System zu arbeiten, wenn Sie es wollen. Sie können ihn daher jederzeit heranrufen, um ihn von Ihrem Standpunkt aus 50 Meter gerade vorauszuschicken, wenn Sie es für nötig halten. Mit diesen beiden Suchstrategien werden Sie und Ihr Hund jedes Gelände effektiv durchkämmen können. Und Sie werden sehen, wie zufrieden und ausgeglichen Ihr Hund sein wird, nachdem er für Sie nach Gegenständen gesucht hat.

Jedes Mal nach einer solchen vollständigen Flächensuche sollten Sie wieder viele geplante, systematische Suchvorgänge durchführen, in denen Sie die Führung übernehmen.

Tacu, der Retter unseres Trainingsgebiets

Zu meiner Zeit als Hundeführerin bei der Norwegischen Lawinenhundestaffel gab es in meinem Wohnort eine eingeschworene kleine Trainingsgruppe mit mehreren Hunden, die in der A-Kategorie zugelassen waren. Eines unserer beliebtesten Trainingsgebiete war ein Waldabschnitt, der zum Staatsforst gehörte. Zur Elchjagdsaison tauchte dort eine Gruppe von Jägern auf, die offensichtlich wenig begeistert davon war, dass wir im gleichen Gebiet trainierten, obwohl wir normalerweise nicht zur gleichen Zeit im Wald waren. Während wir noch diskutierten, ob wir für eine Weile das Trainingsgebiet wechseln müssten, rettete einer unserer Hunde die Situation. Der Rottweiler Tacu wurde zum Suchen ausgeschickt und kam mit einem Funkgerät im Maul zu seinem Hundeführer zurück. Das hatte er offensichtlich bei seiner Personensuche im Wald gefunden und beschlossen, es Herrchen mitzubringen – vielleicht war es ja ein Leckerchen wert? Der Apparat war unbeschädigt und betriebsbereit. Tacus Hundeführer machte die Jäger ausfindig und nahm Kontakt zu ihnen auf. Nachdem diese ihr Funkgerät zurückbekommen hatten, fanden sie es auf einmal ganz in Ordnung, dass wir im selben Wald trainierten...

Die Suche nach Ihren Gegenständen – verlorene Autoschlüssel wiederfinden

Nach einer schönen Runde durch den Park stehen Sie mit Ihrem Hund am Auto. Sie sind beide erschöpft und zufrieden. Als Sie die Fahrertür aufschließen wollen, stellen Sie erschrocken fest, dass Sie Ihre Schlüssel verloren haben. Es fängt schon an zu dämmern und natürlich ist es zu weit, um zu Fuß nach Hause zu gehen. Was nun? Wie wäre es, wenn Sie Ihrem Hund jetzt einfach sagen könnten, dass er die Schüssel suchen soll? Und ein paar Minuten später käme er tatsächlich mit dem Schlüsselbund im Fang zurück. Super, nicht wahr?

Der Hund in diesem Beispiel hat die Schlüssel apportiert. Es gibt aber auch andere Möglichkeiten, gefundene Gegenstände anzuzeigen. Zum Beispiel könnte sich ein Hund neben den Schlüssel setzen und bellen (Laut geben), um Sie herbeizuholen. Beide Lösungsmöglichkeiten können sinnvoll sein. Vor allem für Hunde, die nicht gerne etwas im Fang tragen, kann das Lautgeben eine gute Möglichkeit sein, Ihnen anzuzeigen, wo die Schlüssel liegen.

Sie können Ihrem Hund aber auch beibringen, Ihren Schlüssel aus einem ganzen Haufen von Schlüsseln herauszusuchen. Das kann er ohne große Anstrengung lernen und gleichzeitig ist es ein lustiger Trick. Haben Sie es fertig eintrainiert, können Sie Ihren Freunden gegenüber behaupten, dass Ihr Hund Ihre Autoschlüssel zwischen allen anderen Schlüsseln heraussucht. Möchten Sie es probieren? So wird es aufgebaut:

Die erste Phase

(in der das Interesse des Hundes für die Autoschlüssel geweckt wird)

1 Beginnen Sie damit, die Schlüssel vor Ihrem Hund in der Hand zu halten. Wenn er daran schnuppert, loben Sie augenblicklich und geben Sie ihm ein Leckerchen. Wiederholen Sie dies ein- bis fünfmal, bevor Sie eine kurze Pause machen.

2 Wenn Sie das nächste Mal die Schlüssel hervorholen, halten Sie sie schrittweise immer tiefer Richtung Boden. Dabei loben Sie jedes Mal und geben eine Futterbelohnung, sobald der Hund daran schnüffelt. Wiederholen Sie auch diesen Schritt ein- bis fünfmal und machen dann wieder einige Minuten Pause.

3 In diesem Stadium legen Sie die Schlüssel auf den Boden. Schnuppert der Hund daran, loben Sie ihn überschwänglich und werfen ihm ein Leckerchen hin, und zwar so, dass er ein Stück zur Seite gehen muss, um es sich zu holen. Jetzt wird es spannend: Warten Sie ab, ob der Hund von alleine wieder zu den Schlüsseln zurückkehrt. Sagen Sie nichts, warten Sie einfach nur ab. Geht er tatsächlich zurück zu den Schlüsseln, belohnen Sie mit einem Jackpot und machen eine Pause. Zeigt er hingegen kein Interesse, beenden Sie die Trainingseinheit trotzdem an dieser Stelle und machen ebenfalls eine Pause. Nach der Unterbrechung fangen Sie wieder mit Schritt 1 an und arbeiten die Schritte 2 und 3 erneut durch. Vielleicht sind Ihre Leckerbissen nicht wirklich gut genug? Wiederholen Sie diesen Schritt, bis der Hund zügig, eventuell sogar im Laufschritt, zu den Schlüsseln zurückkehrt.

Üben Sie diese Phase so lange, bis der Hund freudig zu den Autoschlüsseln geht oder läuft. Immer, wenn er einen Fehler macht, geben Sie ihm eine neue Chance. Achten Sie darauf, jede Trainingseinheit mit einem gelungenen Durchgang abzuschließen.

Beenden Sie das Training lieber zu früh als zu spät. Man kann nie zu wenige Wiederholungen machen, aber es passiert schnell, dass es zu viele werden und der Hund keine Lust mehr hat mitzumachen.

Die zweite Phase

(in der entschieden wird, was der Hund tun soll, wenn er Ihre Autoschlüssel gefunden hat)

Soll er sie bringen oder nur mit der Pfote anzeigen oder bellen? Das können Sie entweder selbst bestimmen oder Sie warten ab, was der Hund von sich aus anbietet. Viele Hunde fangen zum Beispiel beim Training von selbst an zu apportieren.

An diesem Punkt beginnen Sie, einen kleinen Augenblick mit dem Lob zu warten, wenn der Hund an den Schlüsseln schnuppert. Zuerst beträgt die Verzögerung nur eine halbe Sekunde, dann wird sie länger und länger. An diesem Punkt kommt es häufig vor, dass der Hund von alleine eine Handlung anbietet. Manch einer wird mit der Pfote auf die Schlüssel patschen. Wenn Sie damit zufrieden sind, belohnen Sie den Hund augenblicklich dafür. Wiederholen Sie höchstens fünfmal, bevor Sie wieder eine Pause machen. Sobald Sie der Meinung sind, dass Ihr Hund gut genug auf die Schlüssel „patscht", gehen Sie zur nächsten Phase über.

Hinlegen, draufpatschen oder apportieren? Belohnen Sie anfangs jede direkte Reaktion auf den Schlüssel.

Wenn Sie ein kleines Stofftier oder ein Ledermäppchen am Schlüsselbund befestigen, fällt Ihrem Hund das Apportieren leichter.

Möchten Sie lieber, dass Ihr Hund apportiert, dann gehen Sie etwas anders vor. Auch hier verzögern Sie das Lob etwas, lassen den Hund auf den Schlüsseln herumtrampeln, soviel er will, falls er diese Handlung zuerst anbietet. Beobachten Sie ihn genau: Immer, wenn er mit dem Fang in die Nähe der Schlüssel kommt, loben Sie und geben Sie ihm ein Leckerchen. Nach und nach wird der Hund verstehen, dass der Fang zählt und nicht die Pfote. Wiederholen Sie höchstens fünfmal und machen Sie dann eine Pause.

Beobachten Sie weiter genau, was der Hund mit dem Fang macht: Öffnet er ihn in der Nähe der Schlüssel, loben Sie überschwänglich und geben Sie ihm einen Jackpot. Bei manchen Hunden passiert das schneller, bei anderen müssen Sie etwas länger Geduld haben. Vielleicht haben Sie sogar das Glück, dass Ihr Hund von selbst die Schlüssel ins Maul nimmt. Dann sind Sie am Ziel und können zur nächsten Phase übergehen. Alle anderen müssen weiterarbeiten, indem sie das Lob weiter verzögern und dabei darauf achten, wann ihr Hund den Fang über den Schlüsseln öffnet, um dann mit dem Lob einzusetzen. Die meisten Hunde verstehen das früher oder später. Haben Sie Geduld! Wiederholen Sie jeweils ein- bis fünfmal, bevor Sie eine Pause machen – so lange, bis der Hund schließlich zufasst und die Schlüssel aufhebt.

Achten Sie darauf,
dass alle Schlüssel, die
im Training verwendet
werden, den gleichen
Anhänger haben.

Was hier im Hund abläuft, lässt sich folgendermaßen beschreiben: Seine Frustration steigt, weil Sie nicht mehr wie gewohnt
loben, daher nimmt auch seine Aktivität zu. Wenn Sie zu lange
warten, wird er allerdings völlig das Interesse verlieren und
dem Schlüsseltraining buchstäblich den Rücken zukehren.
Das richtige Maß zu finden, um mittels Frustration eine
gewisse Aktivität zu erreichen, gleichzeitig aber zu vermeiden,
dass der Hund aufgibt, ist zwar nicht einfach, aber trotzdem
sehr wichtig. Sollte es Ihnen passieren, dass Sie zu lange zögern
und der Hund das Interesse verliert, müssen Sie wieder von
vorne beginnen und von Phase 1 an alle Schritte von neuem
durchlaufen. Das ist kein Drama und kein irreparabler Schaden
– es dauert nur etwas länger.

Tipp: Viele Hunde nehmen nur ungern Metallgegenstände
in den Fang. Wenn Sie das Gefühl haben, dass Ihr Hund die
Aufgabe an sich zwar versteht und auch Spaß an der Arbeit
hat, aber den Schlüssel nicht gern aufnehmen will, können
Sie entweder die gleiche Übung mit anderen Gegenständen
beginnen (zum Beispiel Ihre Handschuhe und andere oder
Ihr Schal und andere usw.) oder ihm die Arbeit erleichtern,
indem Sie einen Schlüsselanhänger aus Leder oder Stoff an
Ihren Schlüsselbund hängen, den der Hund dann in den Fang
nimmt. Hierbei wäre aber wichtig zu bedenken, dass dann
alle Schüssel, die im Training verwendet werden, den gleichen Anhänger bekommen, damit der Hund nicht nach
optischen Unterscheidungskriterien sucht, sondern wirklich
die Nase einsetzt, um an Ihren Gegenstand zu gelangen.

Die dritte Phase

**(in der der Hund lernt, dass es ausschließlich um
Ihre Schlüssel geht, nicht um irgendwelche anderen)**

Jetzt benötigen Sie eine Hilfsperson. Da der Hund lernen soll, Ihre Schlüssel auszusortieren, dürfen Sie die anderen, mit denen geübt wird, nicht anfassen. Sobald Sie sie in die Hand nehmen würden, würden diese ebenfalls Ihren Geruch annehmen und der Unterschied zu Ihren eigenen Schlüsseln wäre für den Hund nicht mehr eindeutig.

1 Bitten Sie die Hilfsperson, ihre Schlüssel auf den Boden zu legen. Legen Sie Ihren Schlüsselbund in etwa einem halben bis einen Meter Entfernung ebenfalls auf den Boden, so dass der Hund beide Schlüssel sehen kann. Platzieren Sie Ihre eigenen Schlüssel dabei so, dass er sie zuerst findet. Achten Sie darauf, Ihren Hund sofort zu loben, damit er erst gar nicht auf die Idee kommt, zu den anderen Schlüsseln weiterzulaufen. Sobald er sich Ihrem Schlüssel zuwendet, loben Sie ihn und geben Sie ihm ein Leckerchen.

Wählt Ihr Hund falsch, ignorieren Sie das einfach und geben Sie ihm eine neue Aufgabe, bei der die Möglichkeit, Fehler zu machen, noch geringer ist. Vergrößern Sie zum Beispiel die Distanz zwischen den Schlüsseln. Gelingt es trotzdem nicht, kehren Sie zu Phase 2 zurück.

Wiederholen Sie diese Übung ein- bis fünfmal und hören Sie auf, wenn der Hund das bestmögliche Ergebnis zeigt.

2 Sie können schon bald damit anfangen, die Lage der Schlüssel zu variieren: Legen Sie sie nebeneinander, Ihre eigenen nach hinten und so weiter. Achten Sie darauf, vor jedem neuen Versuch die Positionen zu verändern: Hunde lernen schnell zu „schummeln", wenn sie die Möglichkeit dazu haben. Ist Ihr Hund nach einigen Wiederholungen der Meinung, dass immer der erste Schlüssel der richtige sei, wird er eventuell nicht mehr an den Schlüsseln schnüffeln, sondern einfach den nehmen, der an dieser Position liegt.

1 Im ersten Trainingsschritt legen Sie die Schlüsselbunde im Abstand von einem halben Meter zueinander vor den Hund.

Achten Sie unbedingt peinlich genau darauf, den „falschen" Schlüssel nicht zu berühren! Das passiert schneller, als man meint. Bitten Sie also immer den Helfer, die anderen Schlüssel zu positionieren, oder benutzen Sie einen kleinen Ast, um die anderen irgendwo abzulegen.

Wiederholen Sie diese Übung so lange, bis Ihr Hund ohne Probleme Ihre Schlüssel auswählt und die anderen liegen lässt.

3 Üben Sie weiter, wie in Schritt 2 beschrieben, jetzt aber mit drei Schlüsseln. Nur ein Schlüsselbund gehört Ihnen, die anderen beiden sind von Freunden oder Vereinskollegen. Ignorieren Sie es einfach weiterhin, wenn Ihr Hund Schlüssel aussucht, die Ihnen nicht gehören, und loben Sie Ihren Hund, geben Sie ihm Leckerbissen oder spielen Sie freudig mit ihm, wenn er richtig wählt.

Wiederholen Sie diesen Schritt so lange, bis Ihr Hund ohne Schwierigkeiten Ihre Schlüssel aus drei verschiedenen Bunden heraussucht.

4 Nach und nach erhöhen Sie die Anzahl Schlüssel, aus denen Ihr Hund auswählen soll. Wahrscheinlich werden Sie feststellen, dass es mit sechs Schlüsseln nicht schwieriger ist als mit dreien, wenn Ihr Hund erst einmal verstanden hat, um was es geht. Es könnte allerdings sein, dass er Probleme hat, Ihren Schlüssel von den Schlüsseln anderer Familienmitglieder zu unterscheiden.

5 Sobald die Menge der Schlüssel kein Problem mehr darstellt, verändern Sie den Abstand zwischen ihnen. Versuchen Sie, sie immer dichter aneinander zu legen. Am Ende kann Ihr Hund Ihre Schlüssel aus einem „Berg" dicht neben- und sogar übereinander liegender Schlüssel aussortieren.

Eigentlich sind Sie jetzt mit dem Schlüsselbundtraining fertig. Wenn Sie weiterarbeiten möchten, können Sie die Aufgabe zu einer richtigen Suche ausweiten. Gehen Sie dabei folgendermaßen vor:

Die vierte Phase

(in der aus der Aufgabe, die richtigen Schlüssel auszuwählen, eine richtige Suche wird)

1 Jetzt müssen Sie die Schlüssel so auslegen, dass sie nicht zu sehen sind, der Hund also wirklich suchen muss. Beim ersten Mal würde ich einen Schritt zurückgehen und nur zwei verschiedene Schlüssel zur Auswahl verstecken. Legen Sie diese mit etwa einem halben Meter Abstand aus und so, dass man sie nicht sieht. Schicken Sie den Hund los, beobachten Sie ihn genau und loben Sie überschwänglich, wenn er Ihre Schlüssel findet und verweist oder apportiert. Fällt es ihm schwer, sich zu entscheiden, können Sie die ersten ein- bis dreimal nur Ihre eigenen Schlüssel verstecken, bevor Sie wieder eine Hilfsperson bitten, ihre Schlüssel mit auszulegen. Klappt auch das nicht, kehren Sie zu Phase 3 zurück. Läuft alles gut, wiederholen Sie diese Übung ein- bis fünfmal.

2 Dann vergrößern Sie den Abstand zwischen den Schlüsseln. Legen Sie sie außerhalb der Sichtweite des Hundes aus, aber so, dass Sie die Verstecke im Blick haben und alles gut verfolgen können. Lassen Sie den Hund ungestört suchen. Wählt er die falschen Schlüssel, gehen Sie zurück zu Phase 3. Loben Sie immer, wenn der Hund auf Ihre Schlüssel anspricht. Wiederholen Sie diesen Schritt so oft, bis Ihr Hund mit Leichtigkeit Ihren Schlüsselbund findet und apportiert oder verweist, so wie Sie es in Phase 2 mit ihm geübt haben.

3 Funktioniert die Suche mit zwei verschiedenen Schlüsseln gut, können Sie die Anzahl der im Gelände oder im Zimmer versteckten Schlüsselbunde erhöhen.

4 Die letzte Schwierigkeit, die es zu meistern gilt, ist die Entfernung zwischen dem Punkt, von dem Sie den Hund losschicken, und dem Fundort. Vergrößern Sie die Distanz Stück für Stück, bis Sie und Ihr Hund Ihr endgültiges Ziel erreicht haben. Ob das zehn oder hundert Meter sind, ist dabei völlig gleichgültig; das hängt, wie gesagt, von Ihnen und Ihrem Hund ab und davon, wie Sie beide diese Aufgabe zusammen gestalten und lösen möchten. Die Aufgabe ist zum Beispiel schwieriger, wenn der Hund an mehreren Schlüsseln vorbeilaufen muss, bevor er den richtigen Bund findet.

Erschweren Sie immer nur einen Aspekt auf einmal!
- Entweder verlängern Sie die Entfernung zum (möglichen) Fundort,
- oder Sie erhöhen die Anzahl der Schlüssel,
- oder Sie vergrößern den Abstand zwischen den Schlüsseln.

Dem Hund soll das Arbeiten Spaß machen! Sonst könnte es sein, dass er aus reiner Frustration heraus den falschen Fund apportiert, nur um die Aufgabe endlich zu Ende zu bringen. Achten Sie auch darauf, das Training zu beenden, bevor der Hund müde wird oder sich zu sehr aufregt, sonst steigt die Fehlerquote.

Wenn Sie mit ganzen Schlüsselbunden üben, dann seien Sie sich darüber im Klaren, dass der Unterschied im Aussehen für den Hund erheblich sein kann. Viele Leute haben große und bunte, andere ganz schlichte Schlüsselanhänger. Es empfiehlt sich daher, die auffälligsten Anhängsel zu entfernen, um auszuschließen, dass der Hund die Aufgabe nur mit Hilfe seiner Augen löst. Vergessen Sie nicht, dass er immer die für ihn einfachste Methode anwenden wird!

Schlauer Ajax!

Oft zeigt es sich, dass wir unterschätzen, wie viel unsere Hunde leisten können. Ein schwedischer Bouvier namens Ajax, der lernen sollte, Frauchens Schlüssel zu identifizieren, hatte diese Aufgabe offensichtlich verstanden, lange bevor es den Menschen um ihn herum klar wurde. Schnell hatte er gelernt, den Schlüsselbund seiner Besitzerin aufzuspüren und zu bringen. Als es soweit war, dass er neben ihren Schlüsseln die eines Helfers vorfinden und ignorieren sollte, nahm er die fremden Schlüssel entschlossen auf und brachte sie zu ihrem Eigentümer zurück, um erst danach seinem Frauchen die „richtigen" Schlüssel zu apportieren.

Verloren... gefunden!

Stellen Sie sich vor, Sie hätten einen Hund, der den ganzen Spazierweg durch den Wald oder wo immer Sie gegangen sind, zurückläuft, um etwas aufzusammeln, was Sie verloren haben. Eine reizende Möglichkeit für viel beschäftigte Hundebesitzer, dem Hund Bewegung und Beschäftigung zu bieten, nicht wahr? Der Hund läuft die Spazierrunde zweimal ab und arbeitet dabei gleichzeitig an einer konkreten Suchaufgabe. Dies könnte man als einen „doppelten Gewinn" bezeichnen, denn beide, Sie und Ihr Hund, profitieren.

Der Aufbau ist nicht einmal besonders kompliziert, vorausgesetzt, Ihr Hund apportiert. Beherrscht er das Bringen noch nicht, erarbeiten Sie dies bitte zuerst und beginnen dann mit dem Training der neuen Suchaufgabe.

Bei den ersten Versuchen sollten Sie ein Spielzeug oder einen anderen Gegenstand einsetzen, den Ihr Hund sehr gern mag. Später können Sie verschiedenste Dinge verwenden. Sie sollten sich allerdings sicher sein, dass Ihr Hund das Fundobjekt apportieren kann und will.

Erste Trainingsphase – Motivation für die Aufgabe entwickeln

1.) Gehen Sie mit Ihrem Hund an der Leine einen möglichst ungestörten Weg entlang. Holen Sie das Spielzeug hervor, zeigen Sie es dem Hund und lassen Sie es vor ihm fallen. Jetzt müssen Sie ihn gut festhalten, damit er es nicht aufnehmen kann: Er soll das Ding nur sehen, aber nicht berühren! Dabei dürfen Sie ihn nur an der Leine zurückhalten, sagen Sie keinesfalls „Nein!" oder „Aus!" oder so etwas, denn es soll ja nicht verboten sein, den Gegenstand aufzuheben. Der Hund soll nur noch ein bisschen damit warten.

2.) Locken Sie den Hund einige Schritte von dem Spielzeug weg, und zwar zurück auf dem Weg in die Richtung, aus der Sie gekommen sind. Aus einer Entfernung, aus der der Hund den Gegenstand noch gut sehen kann, lassen Sie ihn laufen und sein Spielzeug apportieren. Loben Sie Ihren Hund! Beenden Sie diesen Abschnitt, indem Sie das Spielzeug gegen ein Leckerchen eintauschen.

3.) Wenn Sie den Hund die ersten Male loslaufen lassen, geben Sie ihm kein Signal oder Kommando. Tun Sie das erst, wenn Sie ganz sicher sind, dass er verstanden hat, was Sie von ihm erwarten.

4.) Nachdem Sie ein paar Minuten weiterspaziert sind und der Hund vor sich hinstöbern und schnüffeln konnte (das Spielzeug tragen Sie dabei in Ihrer Jackentasche), wiederholen Sie dieselbe Übung. Ihr Hund soll weiterhin sehen, wie Sie den Gegenstand fallen lassen. Gehen Sie jedes Mal einige Meter weiter weg, bevor Sie den Hund loslaufen und das Ding holen lassen.

Beim ersten Mal sollten Sie die Übung nur zwei-, dreimal hintereinander machen. Dann gönnen Sie dem Hund eine lange Pause, in der er sich vollständig entspannen und auf völlig andere Gedanken kommen kann, bevor Sie ihm die Aufgabe weitere zwei- oder dreimal stellen. Damit es für den Hund auch weiterhin spannend bleibt, müssen Sie darauf achten aufzuhören, solange sein Interesse noch auf dem höchsten Niveau ist! Sie können diese Trainingseinheit vier- oder fünfmal wiederholen, bevor Sie zur nächsten Übung übergehen.

Zweite Trainingsphase – den Gegenstand verstecken

Noch immer soll der Hund Ihnen dabei zuschauen können, wie Sie den Gegenstand hinlegen. Dann aber gehen Sie mit ihm so weit zurück, dass er die Stelle nicht mehr sehen kann, und lassen ihn erst jetzt loslaufen. Befinden Sie sich auf einem schmalen Pfad, lässt sich der Gegenstand leicht im Unterholz oder Gestrüpp verbergen. An einem übersichtlichen Weg biegen Sie vielleicht besser um eine Kurve, bevor Sie den Hund suchen gehen lassen. Vergrößern Sie die Entfernung Stück für Stück. Wie schnell Sie dabei vorgehen können, hängt von Ihrem Hund und seiner Arbeitsweise ab. Manche Hunde bewegen sich schnell vorwärts, andere sind langsamer. In etwa sollte die Distanz in dieser Trainingsphase zwischen 20 und 50 Metern liegen.

Lassen Sie den Hund zusehen, wenn Sie den Gegenstand zum ersten Mal verstecken.

Dritte Trainingsphase –
die Übung mit einem Signal verknüpfen

Jetzt, da Ihr Hund losläuft und den verlorenen Gegenstand sucht, ohne ihn zu sehen, ist es soweit, ein Signalwort einzuführen. Ich sage: „Verloren!" Suchen Sie ein Wort aus, das Ihnen zusagt. Es sollte völlig anders klingen als alle anderen Kommandos, die Sie an Ihren Hund richten. Dieses Wort sagen Sie deutlich und freundlich in dem Augenblick, in dem Ihr Hund anfängt, die Übung auszuführen, also wenn Sie ihn loslassen.

Wiederholen Sie dies einige Male, damit das Wort für den Hund eine Bedeutung erhält. Acht- bis zehnmal sollten genügen. Machen Sie aber nicht alle acht bis zehn Durchgänge direkt nacheinander – nach einer bis fünf Wiederholungen sollten Sie Ihrem Hund eine Pause gönnen.

Vierte Trainingsphase –
prüfen, ob der Hund das Signal verstanden hat

Bis jetzt hat Ihr Hund immer zugesehen, wenn Sie den Gegenstand ausgelegt haben. Um nun herauszufinden, ob Ihr Hund mit dem Signalwort wirklich etwas verbindet, müssen Sie etwas „verlieren", ohne dass der Hund es mitbekommt, und ihm dann das Signal geben. Läuft er jetzt los und sucht den Weg ab, hat er verstanden. Wenn nicht, müssen Sie die letzte Trainingsphase noch einige Male wiederholen, bevor Sie es erneut versuchen.

In dieser Testphase konzentrieren Sie sich bitte ganz auf das Signal. Legen Sie den Gegenstand nicht zu weit entfernt aus. Allerdings sollte der Hund ihn erst sehen können, wenn er schon ein paar Schritte gelaufen ist.

Jetzt hat Ihr Hund gelernt, auf Ihr Signal hin zu suchen und den Gegenstand zu apportieren.

Fünfte Trainingsphase – die Suche verlängern

Hiermit beginnen Sie erst, wenn Sie überprüft haben, ob Ihr Hund auf das Signal hin arbeitet. Das Ziel dieser Phase ist, den Abstand zum Gegenstand zu vergrößern. Gleichzeitig soll Ihr Hund nicht sehen, dass Sie etwas „verlieren". Wenn Sie zielstrebig und regelmäßig üben, läuft Ihr Hund eventuell sogar einen Kilometer weit den Spazierweg zurück, um ein Bonbonpapier einzusammeln!

Planen Sie das Training so, dass Ihr Hund immer Erfolg hat. Lassen Sie vorsichtig ein interessantes Spielzeug fallen, während Ihr Hund abgelenkt ist. Dann machen Sie kehrt und gehen den Weg soweit zurück, bis der Gegenstand nicht mehr zu sehen ist. Dann drehen Sie sich um und arrangieren die Situation so, dass Sie beide in die Richtung schauen, aus der Sie gerade gekommen sind. Dann geben Sie das Signal und lassen den Hund loslaufen. Mit Hilfe der Erfahrungen aus Phase 4 können Sie sicher ungefähr abschätzen, wie weit Ihr Hund nach dem Kommando auf jeden Fall laufen wird. Wählen Sie jetzt einen etwas größeren Abstand, aber so, dass Ihr Hund den „verlorenen" Gegenstand sehen kann, wenn er seine gewohnte Distanz abgesucht hat und sein Eifer ansonsten vielleicht nachlassen würde. Wenn er so weit wie immer läuft, kann er den Gegenstand jetzt sehen und wird motiviert, weiterzusuchen. Nach einigen Wiederholungen wird er auf Ihr Signal hin vertrauensvoll mit der Suche beginnen und Sie können den Abstand jedes Mal weiter vergrößern. Notieren Sie sich, wie Sie vorgehen! Es passiert nämlich leicht, dass man vergisst, was man beim letzten Mal gemacht hat, und dann stagniert das Training auf unverändertem Niveau, oder man verlangt zu schnell zu viel. Beides führt zu schlechten Trainingsergebnissen.

87

Auch wenn Ihr Hund einfach nur nicht weit genug läuft, halte ich es für keine gute Idee, ihm mit einem „Mach-Weiter"-Signal bei der Lösung der Aufgabe zu helfen. Es handelt sich hier ja nicht um eine Gehorsamkeitsübung, sondern um eine Suchaufgabe. Sucht der Hund nicht weit genug, wenn Sie ihn mit dem „Verloren!"-Kommando losschicken, ist entweder seine Motivation zu gering oder Sie gehen zu schnell vor. Dann haben Sie die Aufgabe schlicht und einfach noch nicht genügend trainiert – und es wäre Unfug, etwas anderes zu tun, als Übungsschritte gezielt zu wiederholen und besser aufzubauen.

Fahren Sie damit fort, den Suchabstand kontinuierlich zu vergrößern, bis Sie Ihr selbst gestecktes Ziel erreicht haben. Vielleicht reichen Ihnen 100 Meter, andere möchten wirklich auf einen ganzen Kilometer kommen. Auch wenn Ihr Hund mit Leichtigkeit auf 300 Metern nach dem verlorenen Gegenstand sucht, sollten Sie ihm ab und zu eine Aufgabe mit einer kürzeren Strecke stellen. Es sollte nicht immer nur schwieriger werden; ab und zu muss es richtig leicht sein. Nur so bewahren Sie die Motivation Ihres Hundes.

Sechste Trainingsphase – Hindernisse auf dem Weg zulassen

Nicht alle Wege laufen geradeaus, manche führen sogar über Kreuzungen... Ihr Hund muss also lernen, auch eine solche Aufgabe zu bewältigen. Er ist ja selbst schon an solchen Stellen vorbeigekommen, allzu schwer sollte es also für ihn nicht sein. Trotzdem ist es möglicherweise eine Herausforderung.

Das erste Mal, wenn Ihr Hund auf einem Weg mit einer Kreuzung suchen soll, legen Sie den Gegenstand so aus, dass er ihn einen halben bis einen Meter hinter der schwierigen Stelle findet. Es darf sich auch gerne um ein außerordentlich großes oder tolles Fundstück handeln, damit es dem Hund besonders leicht fällt. Im Mittelpunkt steht nicht das Aufspüren des Gegenstandes, sondern das Wählen des richtigen Weges an der Kreuzung.

Wegkreuzungen, Hunde, Menschen und andere Hindernisse sollten Ihren Hund nicht von der konzentrierten Suche abhalten.

Bewältigt Ihr Hund diese Aufgabe, dann vergrößern Sie den Abstand zwischen dem kreuzenden Weg und dem Fundort. Nach ein paar Übungsdurchgängen werden Kreuzungen kein besonderes Hindernis mehr darstellen.

Eine weitere Schwierigkeit kann darin bestehen, dass der Hund unterwegs Menschen oder anderen Hunden begegnet. Sie können diesen Teil selbstverständlich auslassen und nur in ganz ruhiger Umgebung ohne Ablenkungsreize üben. Vielleicht stellen Sie aber auch fest, dass es gar nicht so kompliziert ist, wie Sie befürchtet haben, wenn Sie es doch mit dieser Übung versuchen.

Beim ersten Zusammentreffen mit einer Person während der Suche sollte Ihr Hund nur einen kurzen Weg zurückzulegen haben, damit Sie alles beobachten können. Benutzen Sie einen besonders interessanten Gegenstand als Fundstück. Der Helfer, auf den der Hund trifft, soll Abstand zu ihm halten und keinen Kontakt mit ihm aufnehmen. Läuft der Hund trotzdem zu der Hilfsperson, sollte sie sich wegdrehen und sich ganz passiv und langweilig verhalten. Weisen Sie Ihren Helfer vorher genau ein, damit Sie einander während der Aufgabe nichts zurufen müssen. Im einfachsten Fall ist die Route des Hundes so weit vom Standort der Person entfernt, dass er gar nicht zu dem Menschen hingeht. Vielleicht muss sich Ihr Helfer dafür in 60 Metern Entfernung in den Wald stellen – nun gut, dann ist das eben so. Erst wenn es dem Hund leicht fällt, seine Suche unbeeindruckt auszuführen, können Sie den Abstand verringern, bis Ihr Hund schließlich an einer Person vorbeilaufen wird, die ihm mitten auf dem Weg entgegenkommt.

Stürzt sich der Hund begeistert auf den Helfer, rufen Sie ihn heran (und belohnen ihn fürs Kommen!) und stellen ihm eine neue Aufgabe. Stellen Sie sicher, dass der Hund den Gegenstand gesehen hat, dass die Hilfsperson weit genug weg steht und der Abstand zum Fundort kurz ist, damit der Hund die Aufgabe ganz bestimmt meistert. Es kann auch helfen, einen Menschen als Ablenkungsperson einzusetzen, zu dem der Hund kein besonders enges Verhältnis hat.

Mit Hunden an der Suchstrecke als Ablenkung folgen Sie demselben Muster wie mit Menschen. Sie sollten ruhige und für Ihren Hund nicht besonders interessante Artgenossen einsetzen. Je spannender der andere Hund ist, umso größer muss der Abstand im Gelände sein.

Bei so verlockenden Ablenkungen müssen Sie Fundstücke von hohem Wert verstecken und Ihren Hund mit ausgesprochen guten Leckerbissen belohnen. Beenden Sie das Training sofort, wenn es geklappt hat. Widerstehen Sie der Versuchung, es gleich noch mal zu versuchen, weil es gerade so gut ging – dann läuft es nämlich meistens schief!

Auch mehrere Gegenstände auf derselben Strecke zu „verlieren", kann ein Erschwernis darstellen. Beim ersten Mal sollten Sie einen kurzen Abstand wählen, damit Sie alles beobachten können. Sie sind also auf dem Rückweg vom Spaziergang. Jetzt lassen Sie vorsichtig einen tollen Gegenstand fallen, gehen drei, vier Schritte weiter und platzieren einen weiteren Gegenstand. Ihr Hund beherrscht die Übung bereits, er soll das Verstecken also nicht bemerken. Gehen Sie noch fünf bis sechs Meter weiter, bevor Sie den Hund losschicken, um den ersten Gegenstand zu suchen. Belohnen Sie ihn mit einem Leckerchen – und lassen Sie ihn sofort noch mal vom selben Ausgangspunkt auf die Suche gehen. Findet er den zweiten Gegenstand, belohnen Sie ihn großzügig!

Telefon verloren? Kein Problem – Ihr Hund bringt es zurück.

Hat es mit Fundstück Nummer zwei nicht geklappt? Dann wiederholen Sie die Übung und legen Sie die beiden Gegenstände dichter aneinander. Hat der Hund begriffen, dass mehrere Dinge verloren sein können, vergrößern Sie den Abstand zwischen den Fundorten – der erste ist vielleicht schon nach zehn, der zweite aber erst nach 80 Metern! Dahin müssen Sie sich allerdings Stück für Stück in Übungsschritten von zwei bis drei Metern vorarbeiten, und zwar immer nur so weit, wie Ihr Hund zurechtkommt. Später, wenn er Erfahrungen gesammelt hat und mit Sicherheit mehrere Fundstücke im Gelände erwartet, können Sie die Distanz problemlos in Zehn-Meter-Schritten erhöhen.

Jetzt haben Sie einen Hund, der Hunderte von Metern durch den Wald läuft, um verlorene Gegenstände zu suchen. Alle Achtung!

Passiert es trotzdem manchmal, dass er nichts findet? Dann ist es ärgerlich, den ganzen Weg zurückgehen zu müssen, um den Ball oder den Handschuh einzusammeln, den Sie fallen lassen haben. Trainieren Sie Ihren Hund darauf, alles Mögliche zu apportieren! „Verlieren" Sie ein Bonbonpapier, ein Stück Leder oder eine Streichholzschachtel – irgendetwas, bei dem es nichts ausmacht, wenn Sie es nicht wiederbekommen.

Pfannkuchenschleppe – die erste Fährte für Sie und Ihren Hund

Alle Hunde können Fährten verfolgen. Es scheint, als ob ihnen diese Fähigkeit angeboren ist. Trotzdem muss sie trainiert werden.

Warum ist das so? Nun, es ist die Zusammenarbeit von Hund und Hundeführer, die wir einüben müssen. Außerdem gibt es noch ein paar andere Aspekte, auf die ich im Kapitel Fährtensuche näher eingehen werde.

Fährtengehen ist mit das Netteste und Lustigste, was man in einem Welpenkurs anbieten kann. Kleine Hundeknäuel im Alter von zehn bis zwölf Wochen (und aufwärts) staksen glücklich und zielstrebig durchs Gras, um einen Pfannkuchen aufzustöbern!

Pfannkuchen, ja genau, Sie haben richtig gelesen. Oder auch eine Wurst. Die erste Fährte für einen Hund, sei er jung oder alt, gestalte ich normalerweise als Schleppe. Ich binde einen Pfannkuchen oder eine Wurst oder irgendetwas anderes Leckeres an eine Schnur und schleppe es beim Gehen hinter mir her – daher stammt auch der Name Schleppfährte.

Der Trick dabei ist, dass der Hund seine Aufmerksamkeit auf das Ding am Boden konzentriert, das sich da zappelnd und hüpfend von ihm weg bewegt, statt nur auf die Person zu achten, die die Fährte legt. Außerdem möchte er dieses Ding unbedingt wiederfinden. Damit gelingt etwas, was beim Hundetraining nur selten funktioniert – man schlägt zwei Fliegen mit einer Klappe.

1

2

So legen Sie eine Pfannkuchenschleppe

Sie benötigen einen Stapel Pfannkuchen (Waffeln gehen auch) oder eine Packung Wiener Würstchen, außerdem eine zwei bis drei Meter lange Schnur (1). Für den Hund brauchen Sie ein Geschirr und eine lange Fährtenleine. Bei kleinen Welpen können Sie auch auf die Leine verzichten. Ein Helfer, der den Pfannkuchen in den Wald zieht, vereinfacht die Sache. Ermitteln Sie die Windrichtung, bevor Sie anfangen. Falls es windig ist, sollte die Fährte unbedingt mit dem Wind im Rücken gelegt werden. Wichtig ist auch, einen Ort auszuwählen, an dem der Fährtenleger nach längstens zehn Metern (gerne auch früher) für den Hund nicht mehr zu sehen ist, indem er zum Beispiel hinter Büschen oder Bäumen, einem Hügel oder etwas Ähnlichem verschwindet.

Binden Sie den Pfannkuchen an der Schnur fest und geben Sie ihn der Hilfsperson. Dann legen Sie dem Hund Geschirr und Leine an und halten ihn gut fest. Jetzt soll der Fährtenleger den Hund auf den Pfannkuchen aufmerksam machen, indem er ihn erst auf den Boden legt und dann ein bisschen an der Schnur zieht (2). Lassen Sie den Hund ruhig nach dem Leckerbissen schnappen! Spielen Sie ein wenig „Katz und Maus", aber passen Sie gut auf, dass dabei nicht der ganze Pfannkuchen im Hundemagen verschwindet. Hunde sind sehr schnell, deshalb lässt sich das nicht immer vermeiden und Sie sollten immer eine Reserve parat haben. Erwischt der Hund einen Happen, so ist das völlig in Ordnung und spornt ihn nur noch mehr an! Jetzt geht der Fährtenleger in den Wald und lässt den Pfannkuchen am Ende der Schnur

3   4

hinter sich herschleifen. Ihre Aufgabe als Hundeführer besteht lediglich darin, den Hund zurückzuhalten. Sie dürfen ihn zwei oder drei (Hunde-)Schritte in die Richtung gehen lassen, in die der Pfannkuchen verschwunden ist. Geben Sie kein Kommando, kein „sitz" „„ruhig" „„bleib" oder dergleichen. Der Hund soll keinesfalls den Eindruck bekommen, es sei verboten, dem Pfannkuchen zu folgen! Sie sollten auch darauf verzichten, ihn mit aufmunternden Worten anzufeuern, denn dadurch riskieren Sie, dass er seine Aufmerksamkeit anstatt auf den Leckerbissen und seine Fährte nun auf Ihre Person richtet. Bleiben Sie stattdessen ganz passiv und ruhig, und lassen Sie den Hund dem verschwundenen Pfannkuchen hinterherschauen (3, 4).

Tipps für den Fährtenleger

Gehen Sie in den Wald hinein, bis Sie für den Hund nicht mehr zu sehen sind. Bewegen Sie sich 40 bis 50 Meter weiter. Dabei sollten Sie weder direkt geradeaus laufen, noch in einem Winkel abbiegen, sondern in einem Bogen oder sichelförmig gehen. Nach 40 bis 50 Metern legen Sie den Pfannkuchen irgendwo hin. Wenn zwischendurch Stücke davon abfallen, ist das nicht schlimm, sondern eine zusätzliche Freude für den Hund! Allerdings kann es passieren, dass der ganze Pfannkuchen unterwegs auseinander fällt und am Ende der Schnur nichts mehr übrig ist. Für diesen Fall sollten Sie einen zweiten Pfannkuchen in der Tasche haben, damit am Ende der Fährte auf jeden Fall eine Belohnung auf den Hund wartet. Wenn Sie den Pfannkuchen abgelegt haben, gehen Sie noch weitere zehn Meter in dieselbe Richtung, setzen dann Ihren Bogen fort und kehren zum Ausgangspunkt zurück, ohne Ihrer ursprünglichen Fährte zu nahe zu kommen oder sie gar zu kreuzen.

5

6

Ich hebe immer den Pfannkuchen hoch und trage ihn in der Hand (5), sobald ich das Blickfeld des Hundes verlassen habe. Andere schwören darauf, die gesamte Strecke zu schleppen, das verleiht der Fährte natürlich eine stärkere Witterung. Meiner Erfahrung nach ist dies aber nicht unbedingt notwendig.

Wenn der Hund den Fährtenleger beschnuppern möchte, nachdem dieser zurückgekommen ist, ist das in Ordnung (6). Ihr Helfer sollte den Hund aber nicht streicheln oder mit ihm sprechen, denn das lenkt nur ab. Seine Aufgabe ist jetzt erledigt. Er bleibt am Ausgangspunkt und kommt nicht mit auf die Fährte, denn das irritiert manche Hunde. Wenn Sie als Fährtenleger doch mal mitkommen dürfen, sagen Sie bitte nicht ungefragt an, wo die Fährte verläuft und ob der Hund richtig geht, denn auch das könnte den Hund ablenken. Außerdem sollte er die Aufgabe möglichst ohne Hilfe lösen. Am besten verhalten Sie sich möglichst ruhig und folgen mit einigen Metern Abstand Hund und Hundeführer kommentarlos.

Tipps für den Hundeführer

Während Sie als Hundeführer mit Ihrem Hund auf die Rückkehr des Fährtenlegers warten, wird Ihr Hund den Weg, an dem Sie stehen, untersuchen und beschnuppern. Lassen Sie ihn das tun, aber sprechen Sie nicht mit ihm. Verzichten Sie bitte jetzt auf Streicheleinheiten, Spiele und auch auf jegliche Kommandos! Seien Sie die gesamte Wartezeit über vollständig passiv, geben Sie auch keine „Ermunterungen" oder Ähnliches. Immer, wenn der Hund zur Fährte zurückkehrt, also dahin, wo der Helfer verschwunden ist (das wird er nämlich tun), lassen Sie ihn ein oder zwei Meter in diese Richtung vordringen, indem Sie die Leine durch die Hände gleiten lassen. Das ist die „Belohnung" dafür, dass er sich an die Stelle erinnert. Machen Sie das jedes Mal, wenn er sich entfernt hatte und von alleine zur Fährte zurückfindet. Lassen Sie Ihren Hund trotzdem die ganze Zeit angeleint, so dass er sich nicht sonderlich weit wegbewegen kann. Dabei ist es wirklich wichtig, dass Sie kein Wort an ihn richten, weder Lob noch Kommandos noch sonst irgendetwas!

Wenn der Helfer wieder zurückgekommen ist und sich alles etwas beruhigt hat, lassen Sie den Hund der Fährte folgen. Bei den ersten Malen geben Sie kein Signal oder Kommando. Gehen Sie Ihrem Hund hinterher und achten Sie darauf, die Leine locker in der Hand zu halten, damit Sie jederzeit nachgeben können. Lassen Sie den Hund vier bis fünf Meter vorauslaufen, dann kann er ungestört arbeiten. Es ist besser, wenn Sie ihm nicht direkt auf den Fersen sind. Sie sollten normales Schritttempo einhalten, nicht rennen! Ist der Hund vor Ihnen zu schnell, bremsen Sie ihn behutsam aus, indem Sie die Hand fester um die Leine schließen.

Grundsätzlich halte ich es für besser, den Helfer nicht mitzunehmen. Es verwirrt zu sehr, wenn Sie mit ihm diskutieren, ob Sie noch auf der richtigen Fährte sind. Wenn Sie völlig vom Weg abkommen, brechen Sie ab, kehren Sie um und legen Sie dann eine neue Fährte.

Lassen Sie Ihren Hund vier bis fünf Meter vorauslaufen, dann kann er ungestört arbeiten.

Wenn der Hund zur Seite abweicht, statt der Spur genau zu folgen, lassen Sie ihn das tun, Sie selbst sollten dann aber stehen bleiben und die Leine festhalten, damit er nicht mit Ihnen im Schlepptau davonstürmen kann.

Hebt der Hund den Kopf, läuft er einfach irgendwie geradeaus oder hinterlässt auf andere Art den Eindruck, als folge er der Fährte nicht mehr, dann bleiben Sie einfach stehen und warten ab, bis er wieder zu schnüffeln beginnt und sich von neuem der Suchaufgabe widmet. Wenn Sie der Meinung sind, dass er wieder der Fährte folgt, gehen Sie mit. Stöbert der Hund herum und untersucht irgendetwas anderes, so bleiben Sie jedes Mal wie angewurzelt stehen. Mit etwas Erfahrung werden die meisten Hunde gewissenhafter.

Geben Sie Ihrem Hund eine extra Portion Pfannkuchen, wenn er seine Sache gut gemacht hat.

Findet der Hund den Pfannkuchen, dann freuen Sie sich mit ihm, loben Sie ihn und erzählen Sie ihm, wie fein er das gemacht hat. Vielleicht haben Sie sogar noch ein bisschen Pfannkuchen als zusätzliche Belohnung in der Tasche.

Wenn Ihr Hund nicht zum Endpunkt findet (und das passiert manchmal!), sollten Sie überlegen, was falsch gelaufen ist. War der Weg zu weit? Das Unterholz zu dicht? Hat der Hund sich nicht über einen Bach getraut? Gab es zu viele Ablenkungen rundherum? Ist der Hund müde oder satt? Ändern Sie, soweit möglich, was geändert werden muss, und starten Sie dann einen neuen Versuch. Wechseln Sie immer an einen anderen Ort, wenn Sie eine neue Fährte legen, damit die alte nicht gekreuzt werden muss.

Helfen Sie Ihrem Hund niemals dabei, den Pfannkuchen zu finden! Sonst lernt er nur, sich auf Sie zu verlassen statt auf seine eigenen Fähigkeiten, und so kommen Sie beide nicht weiter. Legen Sie lieber immer eine neue Fährte, wenn es nicht geklappt hat. Das ist nicht schlimm, bleiben Sie ruhig und gelassen! Mit etwas Übung werden Sie schon bald zum Trainingsziel kommen.

Einige wenige Hunde zeigen wenig Neigung oder sogar Angst, wenn sie der Fährte eines fremden Menschen folgen sollen. Bei solchen Hunden lasse ich den Besitzer die Helferrolle übernehmen und mit dem Pfannkuchen am Band im Wald verschwinden, während der Hund mit mir (oder jemand anderem, vor dem er keine Angst hat) wartet. Dann versteckt sich Frauchen (oder Herrchen) mit dem leckeren Pfannkuchen im Wald und ein paar Minuten, nachdem die beiden verschwunden sind, darf der Hund hinterher, während ich (als Trainerin) ihn an der Leine halte. Manchmal reicht ein solcher Durchgang, andere Hunde brauchen viele Fährten, bis sie auch anderen Leuten als dem eigenen Besitzer folgen möchten. Nach und nach aber baut der Hund Selbstvertrauen und Motivation auf und arbeitet mit Fährten fremder und bekannter Menschen gleich gut.

Wenn Sie niemanden zur Verfügung haben, der Ihnen hilft, geht es auch ohne Helfer. Dazu binden Sie den Hund erst an einem Baum fest, dann nehmen Sie die Rolle des Fährtenlegers ein und verschwinden mit dem Pfannkuchen an der Schnur im Wald. Wenn Sie zum Hund zurückkommen, sind Sie wieder der Hundeführer und lassen ihn sofort Ihrer Fährte in den Wald folgen. Die meisten Hunde werden von sich aus mehr Interesse zeigen, wenn die Fährte von Ihrem Besitzer gelegt wurde, als wenn sie von einem Fremden stammt. Bedenken Sie aber unbedingt, dass Sie nur dann so vorgehen können, wenn Ihr Hund problemlos und vor allem angstfrei einen Moment alleine zurückbleiben kann. Welpen können dies in der Regel nicht! Wenn Sie den Hund angebunden zurücklassen und er diese Situation als unangenehm oder sogar voller Angst und Sorge erlebt, verderben Sie ihm nicht nur die Freude und Motivation an der Aufgabe, sondern schaffen sich eventuell sogar Probleme wie Trennungsangst.

Ein Hund, der ein bis drei Schleppspuren verfolgt hat, kann an schwierigere Aufgaben herangeführt werden. Gehen Sie zunächst dazu über, eine Fährte zu legen, ohne dass der Hund zusieht. Dann können Sie die Strecke verlängern oder eine ältere Fährte verwenden, aber auch hier gilt: Nicht beides zugleich, verändern Sie immer nur einen Schwierigkeitsgrad.

Der Schritt von der Schleppe zur normalen Fährte

Wenn Ihr Hund einige Schleppfährten verfolgt hat, weiß er, um was es geht. Es ist dann an der Zeit, den visuellen Anreiz aus der Übung herauszunehmen.

Der einfachste Test, um herauszufinden, ob ein Hund auf eine Fährte reagiert, besteht darin, eine normale Fährte ohne Schleppe von vielleicht 20 bis 30 Metern zu legen, ohne dass der Hund es sieht. Beginnen Sie die Fährte an einem Weg oder Pfad, so dass Sie den Abgangspunkt leicht wiederfinden. Dabei ist es hilfreich, ein wenig fester aufzutreten und mit den Füßen ein paar Schleifspuren auf dem Boden zu hinterlassen, bevor Sie losgehen, um die Fährte zu legen. Sie können auch ein Markierungsband aufhängen.

An dieser Stelle zweigt die Fährte in den Wald ab. Gleich wird dieser Hund nach rechts abbiegen und die Spur verfolgen.

Führen Sie den Hund am Geschirr und mit einer längeren Suchleine. Beginnen Sie acht bis zehn Meter vor dem Startpunkt der Fährte. Spazieren Sie einfach locker durch den Wald auf den Ausgangspunkt zu und lassen Sie den Hund dabei herumschnüffeln. Findet er die Fährte, wird er ihr wahrscheinlich folgen wollen, und Sie gehen mit. Jetzt kommt es darauf an, dass der Hund bald eine Belohnung findet, darum sollte die Fährte nicht länger sein als etwa 20 bis 30 Meter.

Will der Hund der Fährte nicht folgen, wenn er keinen Pfannkuchen „davonlaufen" gesehen hat, dann stellen Sie ihm folgende kleine Doppelaufgabe, damit er besser versteht, worum es hier geht: Geben Sie einem Helfer den Auftrag, eine kurze normale Fährte (20 bis 40 Meter lang) mit einem Pfannkuchen oder einem anderen Leckerbissen am Ende zu legen. Der Hund soll das nicht beobachten. Beginnen Sie an einem Weg oder Pfad, das ist am einfachsten. Der Fährtenleger

markiert deutlich den Ausgangspunkt mit einem Band oder Zweig. Wenn er mit seiner Arbeit fertig ist, holt er Sie und den Hund ab. Jetzt legt er eine zweite kleine Schleppfährte vom selben Weg aus in die andere Richtung, der der Hund wie gewohnt folgen darf. Wenn er seinen Pfannkuchen gefunden hat und gelobt wurde, gehen Sie beide zusammen zurück und zum Ausgangspunkt der zuerst „heimlich" gelegten Fährte. Lassen Sie den Hund dort schnuppern und alleine den Boden untersuchen. Sagen Sie bitte absolut nichts und versuchen Sie keinesfalls, auf irgendeine Weise zu helfen. Die meisten Hunde werden jetzt der Fährte folgen. Beginnt Ihr Hund immer noch nicht zu suchen, lassen Sie ihn erst noch mehr Schleppfährten verfolgen, bevor Sie ihm eine neue Chance mit einer „pfannkuchenfreien" Aufgabe geben.

Glenshees erste Fährte

Mein kleiner schottischer Deerhound verfolgte seine erste Fährte mit vier Monaten. Wir – er, ich und meine Hündin Troll – waren im Wald. Ich ließ ihn, Troll und meinen Rucksack an einem Baum zurück, während ich ein buntes, mit Hühnerfleisch gefülltes Täschchen ins Dickicht hinein schleppte. Glenshee versuchte nach Kräften, die Tasche zu erlegen, und wartete dann sehr ungeduldig darauf, die Verfolgung aufnehmen zu dürfen. Beim ersten Mal war er noch unsicher und zögerlich, aber schon nach 30 Metern fand er das Täschchen mit dem leckeren Inhalt! Gleich im Anschluss bekam er seine zweite Suchaufgabe, und diesmal ging er sicher und zielstrebig auf der Fährte bis zum Festmahl mit dem leckeren Hühnerfleisch!

Fährtensuche – Hunde, die unseren Spuren folgen können

Auf einem Spaziergang im Grünen zusammen mit der ganzen Familie haben Sie vielleicht schon einmal beobachtet, wie Ihr Hund ganz von allein einer Spur gefolgt ist. Schert einer aus der „Meute" aus, weicht vom Weg ab und kehrt wieder zurück, möchte der Hund gerne erfahren, was der andere auf seinem Ausflug erlebt hat. Wenn zum Beispiel die Jüngste hinter einem Hügel verschwindet, weil sie ein dringendes Bedürfnis verspürt, und dann wieder zurückkommt, wird der Hund loslaufen und auskundschaften wollen, was da passiert ist, selbst wenn er in dem Moment angeleint ist. Sobald man ihn wieder von der Leine lässt und er die Möglichkeit dazu hat, wird er wahrscheinlich ihrer Spur folgen. Hier zeigen sich die natürliche Neugier der Hunde und ihre angeborene Fähigkeit, Fährten zu verfolgen.

Wenn Sie einen auf diesem Gebiet völlig untrainierten Hund oder Welpen haben, empfehle ich Ihnen, zunächst das Kapitel Pfannkuchenschleppe durchzuarbeiten. Es dauert nicht lange, Sie brauchen nur zwei oder drei Fährten zu machen, vielleicht auch ein paar mehr, dann ist Ihr Hund soweit, dass Sie mit diesem Abschnitt weitermachen können.

Eine Fährte ist ein Abdruck auf dem Boden, an der Stelle, wo sich jemand oder etwas bewegt hat. Das ist die einfache, nüchterne Definition. Alles, was sich bewegt, hinterlässt eine Fährte: zum Beispiel Menschen, Traktoren, Fahrräder, Elche, Mäuse und sogar Insekten.

Ist Ihnen schon einmal aufgefallen, dass Sie den Geruch eines Parfums riechen können, wenn ein Mann oder eine Frau auf der Straße an Ihnen vorbeigeht? Wenn eine parfümierte Person unseren Weg kreuzt, können wir den Duft häufig noch wahrnehmen, wenn sie schon längst vorbeigegangen ist. Der Geruch „hängt noch in der Luft", sagen wir. Und genau das tut er auch.

Zunächst einmal: Was ist eigentlich eine Fährte? Wie schafft es der Hund, ihr zu folgen? Denn das kann er wirklich – denken Sie nur an Jagdhunde, die Wild aufstöbern! Wenn sich jemand durch ein Gelände bewegt, hinterlässt er also Abdrücke auf dem Boden. Meistens sind diese für unser Auge nicht sichtbar, trotzdem sind sie da. Pflanzen werden zerdrückt, Krabbeltiere getötet oder verletzt und der Untergrund selbst verdichtet, so dass kleine Hohlräume in der Erde zusammengepresst werden und eingeschlossenes Gas entweicht. Sogar wir mit unserer menschlichen Nase können zerquetschte Vegetation riechen. Im Moor nehmen auch wir aufsteigende Gase wahr. Normalerweise aber bemerken wir keinen Geruch von unseren eigenen Fußstapfen. Der Hund jedoch tut es! Die Fährte, die er erschnüffeln kann, setzt sich aus drei Hauptbestandteilen zusammen:

1 **Der Geruch der „Bodenverletzung"**

Auf einer frischen Fährte – das bedeutet bei normalen Boden- und Wetterbedingungen, dass sie nicht älter als zwei Stunden ist – ist der Geruch des verdichteten Untergrunds, der zerquetschten Vegetation und verletzter Kleinlebewesen sehr stark. Seine größte Intensität erreicht er nach etwa 15 Minuten. Danach verringert sich der Geruch, weil die „Wunden" langsam verheilen: Aus beschädigten Pflanzen tritt keine Flüssigkeit mehr aus, tote Insekten werden gefressen oder verwesen und der Gasaustritt aus dem verdichteten Boden lässt nach. Trotzdem sind es diese Gerüche, die das Interesse des Hundes zu Beginn wecken; erst später lernt er, die Fährte anhand des Geruchs einer bestimmten Spezies zu verfolgen.

2 **Der Geruch der Spezies –**
um welche Art von Fährte handelt es sich?

Dieser Geruch ist der Teil der Fährte, aus dem hervorgeht, wer oder was sich hier bewegt hat: War es ein Mensch, ein Fahrrad, ein Huhn oder ein Hund? Dieser Teil besteht aus Molekülen, die das Lebewesen oder auch der Reifen eines Fahrzeugs dort hinterlassen hat, die sozusagen „abgefallen" sind. Ständig lösen sich kleinste Teile wie Haare oder Schuppen von uns, Moleküle unseres Körpers oder auch aus unserer Kleidung und unseren Schuhen. Auf den Fährten von Wildtieren befinden sich oft Spuren von Kot oder Urin. Verletztes Wild kann auf der Fährte Blut verlieren. Anhand kleinster Geruchspartikel kann der Hund unterscheiden, ob sich hier ein Elch, ein Hase, ein Mensch, ein Traktor oder ein anderer Hund bewegt hat.

3 **Der Geruch des Individuums –**
welches Individuum hat sich hier bewegt?

Jedes Lebewesen hinterlässt seine ganz persönliche Geruchsspur wie einen Fingerabdruck. Zusätzlich zu der Information, dass hier zum Beispiel ein Hund vorbeigekommen ist, kann Ihr Hund anhand der Gerüche analysieren, was für ein Hund es war. Er kann Alter, Geschlecht, Status (Läufigkeit!) und Gesundheitszustand erschnüffeln, um nur einiges zu nennen.

Dieses Wissen sollten Sie im Hinterkopf behalten, wenn Sie Fährten legen. Es gibt zum Beispiel kein Gelände, auf dem nicht schon Spuren vorhanden wären. Irgendetwas wird sich dort irgendwann bewegt haben, seien es Menschen, Tiere oder Fahrzeuge irgendeiner Art. Jetzt kommen Sie und legen Ihre Fährte über all das darüber. Sie müssen sich im Klaren sein, dass es keinesfalls die einzige weit und breit ist!

Sie haben nun eine Vorstellung davon, wie viele Informationen im Boden stecken. Haben Sie also etwas Geduld, wenn Ihr unerfahrener Hund erst eine Weile das Terrain prüfen und die vorhandenen Fährten sortieren muss.

Wenn Sie sich jetzt daran erinnern, wie der Hund seine unterschiedlichen Sinne einsetzt (wie im Kapitel „Die Welt der Sinne" beschrieben), stehen die Chancen gut, dass Sie einen Erfolg versprechenden Trainingsaufbau für sich und Ihren Hund entwickeln können.

Tipps zum Thema Ausrüstung

Ich habe häufig erleben müssen, wie ungeeignete Ausrüstung eine eigentlich gut vorbereitete Trainingseinheit zunichte machen kann. Darum möchte ich hier einige Tipps zum Thema Ausrüstung geben. Stellen Sie sich vor, Sie hätten eine längere und gründlich geplante Fährte für Ihren Hund gelegt. Er startet perfekt und arbeitet in mustergültiger Suchmanier. Sie kommen an ein Gebüsch, an dem der Hund die Fährte verliert. Er stöbert eifrig, um sie wieder aufzunehmen, aber unterdessen hat sich die Fährtenleine völlig im Dickicht

Ein gut sitzendes Fährtengeschirr aus weichem Material und eine lange, feste Leine sind – neben den Leckerchen – die wichtigsten Ausrüstungsgegenstände.

verheddert. Ihr Hund sitzt total fest und Sie müssen eingreifen, ihn losmachen und ganz von vorne anfangen. Ein unerfahrener Hund verliert in einem solchen Wirrwarr schnell die Lust.

Darum ist Ihr wichtigstes Ausrüstungsstück eine ordentliche und steife Fährtenleine, die kein Wasser zieht und sich auf keinen Fall in trockenem Tannengestrüpp festwickelt. Meine Fährtenleine ist mehr als zehn Jahre alt und ich hüte sie wie einen Schatz. Sie hat sich noch nie verheddert (hoffentlich bleibt das so!), im Unterschied zu den meisten Leinen, die ich im Einsatz erlebt habe. Fragen Sie erfahrene Fachleute, welche Leine sie empfehlen, und probieren Sie selbst aus, was Ihnen am besten zusagt! Abgesehen davon, dass sie steif und wasserabweisend sein soll, darf eine gute Leine keine Schlingen oder Knoten aufweisen, sie muss ganz glatt und gerade sein, damit sie sich nirgends verhakt.

Neben der Leine sollten Sie bei der Fährtenarbeit ein Geschirr statt eines Halsbandes benutzen. Nur so können Sie für den Hund unangenehme Einwirkungen vermeiden, wenn er zum Beispiel zu schnell unterwegs ist und Sie seinen Übereifer ein wenig bremsen müssen. Kaufen Sie ein einfaches Fährten- oder Fahrradgeschirr, wie es die meisten Fachgeschäfte vorrätig haben. Es gibt viele verschiedene Ausführungen – aus Leder, gewebtem Nylon oder Baumwolle. Nehmen Sie den Hund mit zum Einkauf, damit Sie das Geschirr anprobieren können. So lässt sich leichter die richtige Größe ermitteln. Mit diesen zwei Dingen haben Sie schon alles, was Sie an Ausrüstung brauchen.

Wofür sucht Ihr Hund am liebsten? Halten Sie immer eine Auswahl von Belohnungen bereit, die Ihr Hund gerne mag.

Bevor Sie mit dem Training beginnen können, müssen Sie auch noch etwas haben, wofür der Hund arbeitet. Dabei kann es sich um sein Lieblingsspielzeug handeln, oder um Würstchen, Leber, Knochen, Hähnchen – finden Sie heraus, was Ihr Hund am liebsten mag. Auch wenn er es eigentlich fantastisch findet, Ball zu spielen, kann es sein, dass er am Ende einer Fährte lieber eine andere Belohnung finden würde. Beobachten Sie Ihren Hund daher genau, um bei der nächsten Trainingseinheit eventuell die aus der Sicht des Hundes bestmögliche Belohnung parat zu haben.

Mir gefällt die Idee, den Ablauf einer Fährtensuche ähnlich dem Jagdverhalten in freier Wildbahn zu gestalten: Der Hund folgt einer Spur; ist er geübt, kann die Suche auch lang und anstrengend sein, er greift an und tötet die Beute. Sobald das Beutetier tot ist, frisst der Hund häufig ein wenig davon an Ort und Stelle, und falls er sich dort sicher fühlt, macht er vielleicht noch ein Nickerchen, wenn er satt ist. Also darf meine Belohnung für den Hund ruhig etwas größer und zeitaufwändiger sein oder eine kleine Herausforderung darstellen; etwas, das nicht so leicht zu fressen ist, weil er es nicht sofort erreichen kann: ein Schweineohr, etwas Trockenfisch oder ein mit Hackfleisch gefüllter Kong®, ein saftiges Knochenstück oder für Welpen und kleine Hunde auch Leckerchen in leeren Klopapierrollen. Nutzen Sie Ihre Fantasie und finden Sie etwas, das ein bisschen Zeit in Anspruch nimmt, aber nicht zu schwer zu erreichen ist. Übrigens nehme ich mir gerne auch etwas Leckeres für mich mit, dann können mein Hund und ich zusammen feiern.

Motivation, Anreiz und Belohnung

Stellen Sie sich vor, ein Freund bittet Sie um Hilfe beim Renovieren. Als Anreiz verspricht er, alle freiwilligen Helfer ins Restaurant auszuführen und zu einem guten Essen einzuladen. Als das ganze Haus fertig ist, teilt er Ihnen mit, dass das mit dem Restaurant nichts wird. Stattdessen hat er Pizza beim Lieferservice bestellt. Die schmeckt Ihnen dann zwar auch gut, trotzdem fühlen Sie sich aber irgendwie betrogen, oder?!

So scheint es bei Hunden auch zu sein. Wenn Sie Ihren Hund mit einem Ball zu einer Aufgabe locken, dann muss er hinterher zur Belohnung auch dieses Spielzeug bekommen – und nicht mit Futter oder sonst irgendetwas anderem abgespeist werden. Wenn Sie mit Pfannkuchen eine Schleppfährte legen, dann ist eben dieser Pfannkuchen der Anreiz, mit dem Sie den Hund dafür begeistern, die Aufgabe zu lösen. Am Ende der Fährte einen Pfannkuchen vorzufinden, ist seine Belohnung für einen gut ausgeführten Auftrag und soll seine Motivation erhöhen, beim nächsten Mal wieder einer Fährte zu folgen. Sollte Ihr Hund allerdings keinen Pfannkuchen finden, könnte es durchaus sein, dass er sich ebenso betrogen fühlt wie ein Mensch in einer vergleichbaren Situation.

Wenn Sie den Arbeitswillen Ihres Hundes fördern möchten, müssen Anreiz und Belohnung, die Sie geben, zusammenpassen. Seien Sie berechenbar und halten Sie Ihre Versprechen ein, damit Ihr Hund Ihnen auch weiterhin vertraut.

Die Arbeit des Fährtenlegers

Es würde den Rahmen dieses Buches sprengen, wenn ich nun einen vollständigen Kurs für Fährtenleger einfügen würde. Trotzdem möchte ich gerne einige Tipps geben, mit deren Hilfe Sie die häufigsten Fehler vermeiden können.

Wenn ein Vereinskollege Sie bittet, eine Fährte für ihn und seinen Hund zu legen, sollten Sie genau erfragen, wie er sich die Aufgabe vorstellt. Andersherum gilt dies ebenso: Wenn Sie sich als Hundeführer an jemanden wenden, der für Sie eine Fährte legen soll, geben Sie ihm bitte detaillierte Informationen!

Ich erinnere mich noch gut an meine Zeit als Neuling unter den Profis. Wir unerfahrenen Helfer mussten immer viel Kritik einstecken. Sie war allerdings oft ungerechtfertigt, weil der Hundeführer oder -ausbilder einfach keine eindeutigen Anweisungen gegeben hatte.

Haben Sie schon mal darüber nachgedacht, wie schwierig es ist, mitten im Wald genau geradeaus zu gehen? Ohne Kompass oder bestimmte Kniffe ist das kaum zu schaffen! Was ist unter einem Winkel zu verstehen? Oft bezeichnen wir damit einen rechten Winkel, also 90 Grad. Auch das gelingt nicht so ohne weiteres, wenn man nicht weiß, wie man tricksen kann. Alle Winkel im Gelände werden meist etwas größer als 90 Grad. Wenn Sie diese beiden Aspekte bedenken, wird Ihnen sicher klar, wie leicht man vom Weg abkommen kann!

Verwenden Sie viel Sorgfalt darauf, die Fährte zu legen.

Nehmen wir an, Sie sollen also eine Fährte legen, die 300 Meter geradeaus läuft und dann im rechten Winkel nach links abbiegt. Anschließend sollten Sie 200 Meter weitergehen, dann noch einen Winkel nach links vollführen und den Zielgegenstand nach weiteren 250 Metern ablegen. Gelingt es Ihnen, dieser Anweisung zu folgen, landen Sie etwa 200 Meter vom Abgangspunkt entfernt. Meistens wird das Ergebnis aber leider so aussehen:

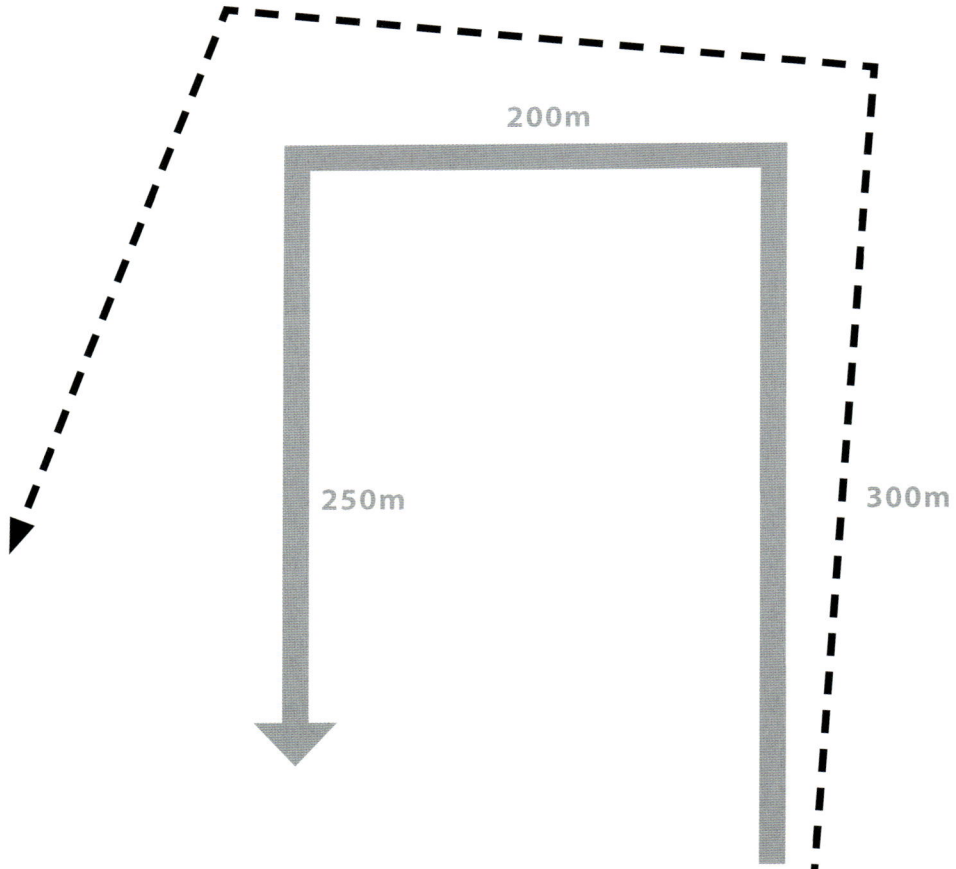

200m

250m

300m

Tipps, um wirklich geradeaus zu gehen

Entweder benutzen Sie tatsächlich einen Kompass, oder Sie wählen sich bestimmte Punkte im Wald, die Sie anpeilen können. Bevor Sie losgehen, suchen Sie sich drei klar zu identifizierende Bäume oder Steine oder andere gut sichtbare Landmarken aus, die genau auf einer Linie liegen, dann können Sie mit Leichtigkeit den Kurs halten. Wenn Sie am ersten Peilpunkt angekommen sind, suchen Sie sich hinter dem letzten eine neue Marke aus, damit Sie immer drei (oder zumindest zwei) Punkte vor sich haben, die Sie anvisieren können.

Um einen rechten Winkel zu gehen, brauchen Sie auch drei Peilpunkte: einen in der Richtung, in der Sie bis jetzt unterwegs sind, einen an der Stelle, an der Sie den Winkel gehen und einen dritten in der neuen Richtung. Direkt nach dem Abbiegen drehen Sie sich noch einmal in Ihre alte Richtung um und kontrollieren so den Winkel. Dann suchen Sie sich wieder drei Peilpunkte in gerader Linie voraus und setzen Ihren Weg fort.

Einige Ratschläge für das Ablegen von Gegenständen

Manchmal werden Sie als Fährtenleger gebeten, unterwegs Gegenstände abzulegen, die der Hund finden soll. Diese müssen direkt auf der Fährte liegen und dürfen daher nicht zur Seite geworfen werden. In der Regel sollen Gegenstände nicht in der Nähe von Winkeln platziert werden. Lassen Sie daher mindestens 20 Meter Abstand. Normalerweise ist es ein ganz bestimmter Gegenstand, der am Ende der Fährte zu finden sein soll, meist etwas Lustiges oder besonders Interessantes, das der Hund gerne mag. Wenn Sie den Endpunkt auf diese Weise markiert haben, sollten Sie immer erst noch fünf bis zehn Meter geradeaus weiterlaufen, bevor Sie im Bogen oder rechtwinklig abbiegen und zurückgehen. Achten Sie darauf, nicht Ihre eigene Fährte zu kreuzen!

Hier ist der Verlauf der Fährte mit bunten Bändern markiert,
die in die Zweige geknüpft wurden.

Markierungsbänder

Eigentlich setze ich nicht gerne Markierungsbänder bei der Fährtenarbeit ein,
denn sie verleiten schnell dazu, dem Hund zu helfen. Viele Hunde lernen
dann, sich auf ihren Hundeführer zu verlassen, wenn es einmal schwierig wird,
statt zu versuchen, die Aufgabe allein zu lösen. Trotzdem können Markie-
rungen in bestimmten Fällen hilfreich sein, und manche Leute arbeiten sehr
gerne damit.

Wenn Sie Markierungsbänder beim Legen der Fährte benutzen wollen,
sollten Sie sie hoch hängen, damit sie einerseits leicht zu sehen sind und der
Hund sie andererseits nicht als Gegenstände auf der Fährte wahrnimmt. Die
einzelnen Bänder bringen Sie genau auf Ihrem Weg an, machen Sie keine
Abstecher nach rechts oder links, um an passende Bäume zu gelangen.

Der Einsatz von Markierungsbändern macht nur dann Sinn, wenn man sie gut
erkennen kann. Benutzen Sie deshalb lange Streifen und achten Sie darauf,
dass man von jedem Band aus das vorige und das nächste gut sehen kann.

Die Belohnung des Hundes

Ein wichtiges Thema ist das richtige Verhalten gegenüber dem Hund. Sowohl für junge als auch für erfahrene Hunde kann es förderlich sein, wenn sie ab und zu einen Menschen am Ende der Fährte vorfinden. Dies gilt insbesondere zu Beginn des Trainings. Für einen Rettungshund ist das sogar das Ziel seiner Arbeit. Auf jeden Fall bereitet es den meisten Hunden große Freude, auf eine Person zu treffen, wenn sie gut auf den jeweiligen Hund eingehen kann.

Wenn Sie als Helfer am Ende der Fährte auf den Hund warten sollen, ist es wichtig zu wissen, ob der jeweilige Hund am liebsten spielt, wenn er Sie gefunden hat, oder ob er lieber Futter möchte oder gestreichelt werden will. Am besten probieren Sie das aus, bevor etwas davon als Belohnung dienen soll. Wenn Sie den Hund nicht so gut kennen, achten Sie darauf, nicht dominant zu wirken! Gehen Sie in die Knie, anstatt sich über den Hund zu beugen, starren Sie ihn nicht an. Berühren Sie niemals den Nacken eines Ihnen unbekannten Hundes! Wenn Sie mit dem Hund nicht vertraut sind, sollten Sie auch weder ruppig zu ihm sein noch ihn festhalten. Sie zu finden, soll für den Hund ein freudiges Erlebnis darstellen – keine bedrohliche Situation und keine Erziehungsübung.

Ich hoffe, damit habe ich alles Wichtige in groben Zügen angesprochen. Der Rest lässt sich nur im Training durch Erfahrung selbst herausfinden. Dabei wünsche ich Ihnen viel Glück und alles Gute als Fährtenleger!

Fährtentraining – Schritt für Schritt

Wenn Sie der beschriebenen Anleitung gefolgt sind und einige Fährten hinter sich gebracht haben, sollte Ihr Hund die Erfahrung gemacht haben, dass Fährten interessant sind und dass am Ende des Weges Spaß oder leckeres Futter wartet. Außerdem werden Sie festgestellt haben, was einfach und was schwierig ist.

Eine Regel, die ich beim Training sehr gewissenhaft befolge, ist die, immer nur einen Faktor gleichzeitig zu verändern. Das bedeutet, dass mit jeder Fährte nur eine einzige Anforderung schwieriger werden darf. Stellen Sie sich vor, Sie legen eine Fährte, die nicht nur älter sondern auch länger als alle vorangegangenen ist, und Ihr Hund schafft sie nicht. Dann wissen Sie nicht, ob das Alter oder die Länge das Problem war, und die Trainingseinheit ist damit wertlos. Wenn er die Aufgabe trotzdem lösen konnte, seien Sie zufrieden – und denken Sie das nächste Mal daran, nur einen Aspekt zu verändern. Ihr Ausgangspunkt ist nun, dass Ihr Hund bereits einigen Fährten gefolgt ist und dies tut, ohne vorher gesehen zu haben, wie sich ein Würstchen oder etwas Ähnliches auf den Weg gemacht hat. Jetzt ist es an der Zeit, die Anforderungen zu erhöhen. Wählen Sie also: Soll die nächste Fährte älter oder länger sein?

Auf diese Frage gibt es keine eindeutige Antwort. Wenn der Hund willig und schnell arbeitet, lasse ich ihn zunächst meist ältere Fährten suchen.

Wie alt können Fährten sein?

Wie alt dürfen Fährten sein, damit sie ein Hund noch verfolgen kann? Ehrlich gesagt: Ich weiß es nicht. Eine Kursteilnehmerin, die an der Suche nach verletztem Wild arbeitete, erzählte von ihrem Rottweiler, dass dieser Blutspuren (so genannte Schweißfährten) verfolgte, die 125 Stunden alt waren, also etwas über fünf ganze Tage – ganz schön imponierend! Andere berichten von Fährten, die eine Woche alt waren, einige sprachen sogar von einem Monat. Die älteste Fährte, der ein Hund folgen konnte und für die ich eine glaubhafte Bestätigung habe, war 125 Stunden alt.

15 bis 20 Minuten alte Fährten

Die ersten Fährten, wie ich sie bisher beschrieben habe, werden zwischen fünf und zehn Minuten alt sein, was man als taufrisch bezeichnen kann. Sobald Ihr Hund in der Lage ist, einer Fährte zu folgen, ohne dass er Ihnen dabei zugesehen hat, wie Sie einen Pfannkuchen weggezogen haben, können Sie die Zeitspanne verlängern. Nachdem Sie den Schlusspunkt markiert haben, warten Sie 15 bis 20 Minuten, bevor Ihr Hund sich an der Fährte versuchen darf. Die meisten Hunde schaffen das mit Leichtigkeit, manche finden es aber auch schwierig. Funktioniert es nicht, geben Sie dem Hund eine neue Fährtenaufgabe, die nicht älter ist als eine, die er schon bewältigt hat, und danach machen Sie beide eine Pause.

Die nächste Trainingseinheit beginnen Sie mit einer kurzen Fährte, die nur fünf bis zehn Minuten alt ist, und im Anschluss zeigen Sie dem Hund eine, die bereits fünf bis zehn Minuten älter ist. Auf diese Weise fahren Sie fort, bis er 20 Minuten alte Fährten ohne Probleme verfolgt. Immer, wenn er es nicht schafft, geben Sie ihm ein, zwei oder drei Fährten, denen er bestimmt gewachsen ist, bevor Sie es wieder mit der erschwerten Variante probieren.

30 bis 45 Minuten alte Fährten

Die nächste Stufe sind Fährten, die 30 bis 45 Minuten alt sind. Sie können das Alter der Fährten in Schritten von 15 Minuten erhöhen, bis Ihr Hund auch nach einer Stunde noch zum Ziel findet. Dann können Sie anfangen, die Fährten in größeren Sprüngen altern zu lassen, etwa jeweils 20 bis 30 Minuten.

Haben Sie keine Angst, ein wenig die Grenzen auszutesten: Sobald es einmal nicht funktioniert, nehmen Sie einfach wieder eine etwas jüngere Fährte und beginnen von neuem und in kleineren Schritten, das Alter zu erhöhen.

Auch wenn Ihr Hund bereits zwei Stunden alte Fährten bewältigt, sollten Sie ihm trotzdem ab und zu eine legen, die noch nicht so lange liegt und sehr einfach für ihn zu bewältigen ist. Sorgen Sie immer für Abwechslung bei den Aufgabenstellungen und achten Sie gleichzeitig darauf, nicht auf ständig gleich bleibendem Niveau zu arbeiten und so zum Stillstand zu kommen!

Wie lang können Fährten sein?

In der gleichen Art und Weise, wie Sie das Alter der Fährten erhöhen, können Sie die Länge steigern, allerdings nie gleichzeitig. Das Training ist nicht so gedacht, dass die Hunde sich an 50 Meter lange Fährten gewöhnen sollen. Sie meistern mit Leichtigkeit Aufgaben von mehreren 100 Metern Länge. Sie sollten darum ständig die Distanz steigern und zwar in Schritten von 50 Metern. Wenn Ihr Hund einer 50 Meter langen Fährte an der Leine folgen kann, fällt es ihm vermutlich auch über 100 Meter nicht schwer. Erhöhen Sie also regelmäßig um 50 Meter, bis Sie 300 Meter Länge erreicht haben. Ab da können Sie in 100-Meter-Schritten steigern. Sollte das einmal nicht klappen, kehren Sie zu der Länge zurück, die Ihr Hund zuletzt geschafft hatte, und verlängern ab da wieder in kleineren Schritten.

Probieren Sie zusammen mit Ihrem Hund, bis Sie einen Modus finden, die Anforderungen zu steigern, mit dem Sie beide gut zurechtkommen. Manchmal werden Sie nur um 30 Meter verlängern können, dann wieder geht es in einem Sprung von 300 auf 500: Das ist eine Sache der Tagesform, der Motivation und der Erfahrung des Hundes. Man sollte es sich zur goldenen Regel machen, immer ein bisschen mehr zu verlangen, damit der Hund beständig stärker gefordert wird. Die meisten Hunde mögen Herausforderungen.

Vorschlag für einen weiterführenden Trainingsplan

Ich selbst trainiere zunächst gerne am Alter der Fährten, und zwar so lange, bis eine Stunde kein Problem mehr darstellt. Damit habe ich einen flexiblen Arbeitsbereich erschlossen; das Alter der Fährten kann nun zwischen fünf Minuten und einer Stunde variieren. Wenn Sie ein paar Mal pro Woche üben, sollten Sie etwa in zwei bis vier Wochen so weit sein.

Innerhalb des zeitlichen Rahmens von bis zu einer Stunde lege ich dann immer längere Fährten, bis etwa 300 Meter bewältigt werden. Jetzt können Sie und Ihr Hund also einer Fährte folgen, die 300 Meter lang und eine Stunde alt ist. Dann fangen Sie wieder an, erneut am Faktor Zeit zu arbeiten, bis Sie Ihr selbst gestecktes Ziel erreicht haben – das können zwei oder drei Stunden sein –, bevor Sie sich wieder der Länge widmen. Auf diese Weise reihen Sie mehrere Arbeitsphasen aneinander, in denen Sie sich jeweils auf einen Aspekt konzentrieren.

Wann sollten Sie aufhören, die Anforderungen zu erhöhen? Nun, ohne neue Herausforderungen würde das Training ja langweilig und gleichförmig werden. Es gibt aber noch andere Schwierigkeiten als Alter und Länge.

Eine Fährte, die durch eine Wiese über einen Weg zurück in den Wald führt, ist schon etwas für Fortgeschrittene.

Das Verfolgen einer Fährte, die einen Bach kreuzt, erfordert vom Hund viel Erfahrung.

Fährten, die Wege oder Bäche kreuzen

Bei den verschiedenen Herausforderungen kann es sich um ältere oder längere Fährten handeln, oder aber die Fährte führt durch schwieriges Gelände, über Wege oder Bäche, durch Täler, über einen Zaun... Es gibt unendlich viele Möglichkeiten – lassen Sie Ihre Fantasie spielen!

Wenn Ihr Hund zum ersten Mal einer Fährte quer über einen Weg folgen soll, wird es ihm schwer fallen. Der Pfad trägt so viele Witterungen, da erscheint es ihm wahrscheinlich leichter (und lohnender?), auf dem Weg weiterzulaufen. Bitten Sie Ihren Fährtenleger an der Stelle, an der er den Weg kreuzt, sowie auf den ersten Metern dahinter, besonders kurze Schritte zu machen, dabei etwas fester aufzutreten und eventuell einige Schleifspuren auf dem Boden zu hinterlassen. Außerdem sollte er nach fünf oder sechs Metern einen Leckerbissen auslegen, damit der Hund eine Bestätigung erhält, wenn er nach dem Weg die Fährte wieder aufnimmt. Auf die gleiche Weise können Sie vorgehen, wenn Sie eine Fährte über einen Bach oder ein ähnliches Hindernis legen.

Winkel auf der Fährte

Wir Menschen meinen, Winkel auf der Fährte seien schwierig, darum legen wir sie zu Beginn des Trainings oft exakt geradeaus. Hat der Hund dann einige solcher Fährten zusammen mit uns bewältigt, hat er wahrscheinlich gelernt, dass der Weg nach einem Winkel immer geradeaus führt und er sich nicht sonderlich zu konzentrieren braucht. Um dem entgegenzuwirken, lege ich von Anfang an alle Fährten in Form eines J, eines U oder L-förmig, so dass der Hund keinen Erfolg hat, wenn er nach der Kurve einfach geradeaus läuft.

Schon bald baue ich weitere Bogen und Winkel ein. Wenn man dann darauf achtet, die Fährten wirklich abwechslungsreich zu gestalten, gibt es keine größeren Fettnäpfchen mehr. Die amüsantesten Fährten hinterlässt man beim Blumenpflücken oder Pilze sammeln: Man läuft dann mal hierhin, mal dorthin, steht einen Augenblick still, spaziert wieder weiter und es geht nie sonderlich lange geradeaus.

Wenn Ihr Hund sehr eilig vorwärts stürmt oder generell Schwierigkeiten mit Richtungsänderungen hat, können Sie an den Winkeln Markierungsbänder aufhängen und vorsichtig das Tempo verringern, sobald Sie in die Nähe kommen. Bremsen Sie behutsam mit der Leine (ohne zu rucken oder zu zupfen), wenn er in die falsche Richtung will (was Sie an den Markierungsbändern erkennen können). Sagen Sie bitte nichts zu ihm, kein „Nein!" und keinerlei Befehle. Ihr Hund soll das ganz alleine herausfinden dürfen. Sobald er den richtigen Weg gehen will, lassen Sie die Leine durch die Finger gleiten und folgen ihm. Falls er nicht weiterkommt, brechen Sie die Suche ab und stellen ihm eine neue Fährtenaufgabe.

Legen Sie die Fährten nicht nur geradeaus, sondern immer gekrümmt oder gewinkelt.

117

Kreuzende Fährten/ Verleitungsfährten

Mit Verleitung ist gemeint, dass jemand die Fährte überquert, nachdem Sie sie gelegt haben. Wenn Sie sich erinnern, wie der Hund seine Sinne einsetzt, wird Ihnen rasch klar, dass es für ihn am verlockendsten sein muss, der frischesten Fährte zu folgen. Und das ist natürlich diejenige, die noch „über" der von Ihnen gelegten Fährte verläuft.

Beim Training mit Verleitungsfährten arbeite ich am liebsten in offenem und übersichtlichem Gelände, und in diesem Zusammenhang benutze ich Markierungsbänder. Ich wähle dann zum Beispiel rote Bänder für den Fährtenleger und bitte ihn, eine Fährte von 80 bis 100 Metern Länge zu legen, auf der nach 50 Metern ein Leckerbissen liegen soll. Diese Stelle wird mit zwei Bändern markiert. Dann setze ich noch einen zweiten Fährtenleger ein, der blaue Bänder bekommt. Ihn schicke ich nach fünf bis zehn Minuten los, und zwar so, dass er die „rote" Fährte acht bis zehn Meter vor dem kleinen Leckerbissen überquert (also etwa 40 Meter vom Ausgangspunkt entfernt). Jetzt gibt es zwei deutlich markierte Fährten: eine rote, der der Hund folgen soll, und eine blaue, der er nicht folgen soll. Sobald beide Fährtenleger zurück sind, machen sich Hund und Hundeführer bereit, auf die Suche zu gehen.

Kurz nach der Kreuzung wird auf der „richtigen" Spur ein Leckerchen gelegt, um den Hund für die korrekte Entscheidung zu belohnen.

Gelangt der Hund an die „blaue" Fährte, wird er sie vermutlich in beide Richtungen untersuchen. Das ist völlig normal und man sollte es ihm auch erlauben. Nehmen Sie die Leine etwas kürzer, so dass er nicht weiter als drei oder vier Meter in die „falsche" Richtung gehen kann. Sobald Ihr Hund sich entscheidet, der richtigen Fährte (der rot markierten) zu folgen, lassen Sie ihn weiterlaufen und gehen hinterher. An diesem Beispiel sehen Sie, wie sinnvoll Markierungsbänder sein können! Nach einigen Metern wird Ihr Hund den Leckerbissen finden, der ihn für seine richtige Wahl belohnt. Und schon bald darauf kommt er an den noch tolleren Gegenstand am Ende der Fährte! Alle Hunde, mit denen ich das auf diese Weise trainiert habe, konnten die Aufgabe nach wenigen (meist genügten zwei oder drei) Fährten bewältigen.

Als Variante können Sie eine längere Fährte (150 Meter) legen, die von zwei oder drei anderen gekreuzt wird. Die Verleitungsfährten sollten jeweils etwa 30 Meter voneinander entfernt sein. Hinter jeder Kreuzung wird nach sechs bis zehn Metern ein Leckerbissen ausgelegt, so dass der Hund jedes Mal für die richtige Wahl belohnt wird. Die meisten Hunde werden die erste Verleitungsfährte sehr gründlich untersuchen, bei der zweiten schon weniger interessiert sein und die dritte fast unbeeindruckt überqueren. Hunde können sehr schnell lernen, wenn wir ihnen nur die richtigen Aufgaben stellen.

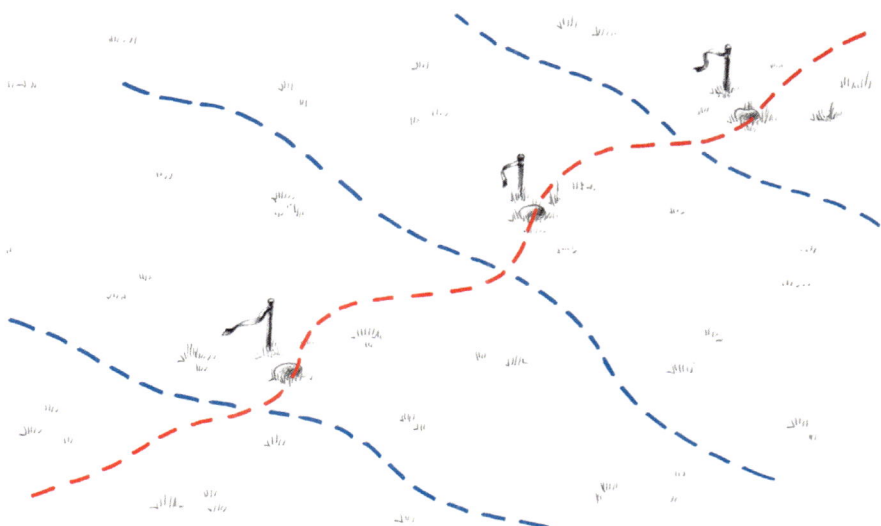

Denken
Sie daran,
dass auch
der arbeits-
freudigste Hund
immer wieder
eine Pause
braucht.

Auffinden der Fährte

Bei einem Ernsteinsatz, sei es in der Rettungshundearbeit oder einer Nachsuche bei der Jagd, weiß man meist nicht so genau, wo eine Fährte beginnt. Dann ist es Aufgabe des Hundes, die Fährte selbst aufzufinden. Auch das können Sie mit Ihrem Hund als weitere Schwierigkeit trainieren. Bis jetzt haben wir unseren Hund immer genau auf den Ausgangspunkt gesetzt. Um ihm beizubringen, wie er den Anfang alleine findet, lasse ich ihn zunächst von der Seite auf die Fährte treffen, und zwar aus einem 90-Grad-Winkel. Beim ersten Mal beginne ich nur einen halben Meter von der Fährte entfernt, beim nächsten Mal mit einem Meter Abstand, dann mit zwei Metern und so weiter, bis sich der Hund schließlich über fünf bis zehn Meter vorarbeiten kann und die Fährte findet.

Wenn Sie an Wettkämpfen teilnehmen oder einen Rettungshund ausbilden möchten, sollten Sie die festgelegten Anforderungen genau studieren. Dann bauen Sie das Training auf, indem Sie sich die angegebenen Werte als Mindestleistung vornehmen. Denn wenn Sie die im Sport oder vom Verband gestellten Ansprüche als Maximalziele ansehen, haben Sie keine Sicherheitsreserve, wenn es mal besonders schwierig wird, und das erhöht die Wahrscheinlichkeit eines Misserfolgs.

Arbeitszeichen oder Signal

Grundsätzlich gefällt mir das Wort „Kommando" bei der Arbeit mit Hunden nicht. Der englische Ausdruck „cue" (Stichwort, Einsatz) ist viel sympathischer: Anstatt wie eine Forderung zu klingen, steht er für die Einladung zur Zusammenarbeit und ist schlichtweg ein Signal dafür, dass es losgehen kann.

Welche Bezeichnung wir auch dafür verwenden – ich würde immer so lange warten, ein Signal einzuführen, bis ich sicher wäre, dass der Hund die Aufgabe beherrscht und sie willig ausführen wird. Im Zusammenhang mit Fährtenarbeit lasse ich ihn immer zunächst zwei bis fünf Suchaufgaben ohne Signal absolvieren. Sobald er erkennen lässt, dass er verstanden hat, was ich von ihm erwarte, und von alleine zu arbeiten beginnt, führe ich das Wort „Such!" ein (selbstverständlich können Sie auch einen anderen Ausdruck wählen, der Ihnen besser gefällt), und zwar in dem Moment, wenn ich den Hund der Fährte folgen lasse.

Unterschiedliche Herausforderungen

Wenn Sie in einem Verein, in der Gruppe oder mit Freunden zusammen trainieren, gibt es viele gute Möglichkeiten für unterhaltsame Herausforderungen. Machen Sie es sich zur Gewohnheit, sich gegenseitig Aufgaben im Gelände zu stellen, und Sie werden immer wieder neue Seiten am Training, an den Hunden und den anderen Hundeführern entdecken können.

Wenn jemand Geburtstag hat, können Sie ihm zum Beispiel eine Fährte legen, an der sich Münzen und Geldscheine als Gegenstände befinden (wird der Hund Metall und Papier verweisen bzw. apportieren?). Gestalten Sie eine Fährte, deren Alter sich unterwegs ändert. Schicken Sie den Fährtenleger mit einem Buch und einer Thermoskanne los. Nach 200 oder 300 Metern setzt er sich hin, liest ein bisschen, trinkt einen Kaffee, döst, vielleicht muss er auch mal, bevor es frühestens nach einer Stunde weitergeht. Die restliche Fährte kann noch 300 Meter lang oder länger sein, das hängt von dem Hund ab, der ihr folgen soll. Das Interessante an dieser Aufgabe ist die Frage, ob der Hund die Pause einordnen kann.

Falls Sie schon ein paar Tage vorher planen können, ist es auch möglich, folgende Aufgabenstellung zu organisieren: Ein Fährtenleger bricht von einem vereinbarten Abgangspunkt auf und geht bis zu einer gekennzeichneten Stelle, an der sich ein Fahrrad befindet. Zunächst schiebt er das Rad 30 bis 50 Meter, dann fährt er ein Stück (50 bis 100 Meter) und hinterlässt dort eine große Festtagsbelohnung für den Hund!

Fährten in die „falsche" Richtung

Wenn Sie einem Trainingskollegen eine kleine Falle stellen wollen, legen Sie ihm eine Fährte, die von einem Weg oder Pfad zunächst einige Meter in den Wald hinein, dann aber zurück zum Weg, über diesen hinweg und auf der anderen Seite ins Gelände führt. Denken Sie daran, immer nur an einer Schwierigkeit gleichzeitig zu arbeiten! Darum sollte der Leckerbissen (die „Belohnung") nur etwa 20 bis 30 Meter vom Weg entfernt liegen. Hier ist es oft notwendig, dass jemand, der von der Art der Aufgabe weiß, dabei ist und den Hundeführer beobachtet. Viele Hundeführer werden nämlich ihrem Hund nicht glauben, wenn er der Fährte in die „falsche" Richtung folgen will.

Möchten Sie, dass diese Fährte trotzdem noch weiterführt, können Sie sie verlängern und einen zweiten Schlusspunkt setzen. Achten Sie aber darauf, dass der Hund belohnt wird, unmittelbar nachdem er die Herausforderung, an der Sie gerade trainieren, gemeistert hat, damit dieses erwünschte Verhalten verstärkt wird. Der Lernerfolg wird nicht so groß sein, wenn der Hund erst nach 700 Metern einen Leckerbissen findet, obwohl die wesentliche Schwierigkeit doch war, nach den ersten 100 Metern einen Weg zu überqueren. Dann wissen Sie nicht, was der Hund wohl mit der Belohnung verknüpfen wird, wenn er sie endlich findet.

Rover, der blinde Hund

An einem Kurs im Sauerland nahm ein Hund namens Rover teil, der sein Augenlicht bei einem Unfall verloren hatte. Er war völlig blind und brauchte seine Besitzerin als „Blindenführmensch". Das Tier war unsicher und bewegte sich auf unbekanntem Terrain nur zögerlich. Die erste Fährte, die ich ihm präsentierte, war etwa acht Meter lang, in kurzen, schlurfenden Schritten gelegt und mit einem Berg Leckerbissen am Ende versehen. Der Hund schnüffelte an der Spur, war aber ängstlich und traute sich nicht, die Pfoten in die ihm unbekannte Dunkelheit zu setzen, so dass er nur um seine eigene Nase herumtapste, ohne auf der Fährte voranzukommen. Seine Besitzerin ermunterte ihn und half ihm vorwärts, bis Rover schließlich ans Ziel kam und seine wohlverdiente Belohnung fand: eine große Portion Hühnchen. Er war mental sehr erschöpft und hatte viel Hilfe gebraucht. Mehrere Stunden später legten wir für ihn eine neue Fährte, diesmal noch kürzer und mit einem Leckerbissen nach ungefähr jedem Meter. Der Hund wanderte sehr zögerlich auf der Fährte und brauchte weiterhin Frauchens Unterstützung. Trotzdem war ein winziger Fortschritt erkennbar. Am nächsten Tag bekam er eine neue Fährtenaufgabe gestellt, diesmal über etwa fünf, sechs Meter, mit Hühnerfleisch nach jedem Meter, und er folgte der Spur ohne Hilfe, ganz, ganz langsam, aber stetig und sicher bis zu der Schale mit der Belohnung. Für Rover war dies der Anfang eines Weges, auf dem er lernte, sich selbst, seiner Nase und seinen eigenen Pfoten zu vertrauen – ohne davon abhängig zu sein, an der Leine geführt zu werden oder die Schnauze in Frauchens Kniekehlen stecken zu müssen.

Geruchsunterscheidung –
Pilzsuche zum Beispiel!

Hier wird beschrieben, wie Sie Ihren Hund darauf trainieren können, alles
Mögliche aufzuspüren: Gluten, Soja oder Spuren von Erdnüssen in Lebensmitteln, Pilze im Wald oder Sprengstoff auf einem Flughafen. In diesem Kapitel benutze ich Erdnussöl als Beispiel. Sie können sich genauso gut Waldpilze,
Sprengstoff, Drogen, Karotten oder Gluten vornehmen. Sie müssen nur dasjenige zur Verfügung haben, wonach der Hund lernen soll zu suchen. Reines
Gluten gibt es im Reformhaus, Öle bekommen Sie im Lebensmittelhandel
oder in der Apotheke. Waldpilze müssen Sie selbst suchen. Wenn Sie nicht
beruflich mit Sprengstoff, Drogen oder anderen, nicht allgemein zugäng-
lichen Stoffen zu tun haben, sollten Sie (und Ihr Hund!) damit natürlich nicht
trainieren.

Sobald Sie entschieden haben, wonach Ihr Hund suchen soll, müssen Sie
darüber nachdenken, wie sich dieser Stoff spurlos entfernen lässt, womit Sie
beispielsweise Gläser, die Proben enthalten haben, abwaschen können. Meistens reicht es aus, sie in der Spülmaschine gründlich zu waschen.

Was ist eigentlich „Geruchsunterscheidung"?

Kurz gesagt handelt es sich darum, Gerüche zu identifizieren und einen bestimmten zwischen etlichen anderen ausfindig zu machen: So kann etwa ein Drogenspürhund den Geruch eines bestimmten Rauschgifts zwischen Lebensmitteln, Schweiß, Leder, Öl, Tabak und so weiter wahrnehmen.

Im Obedience gibt es eine Aufgabe, bei der der Hund dasjenige Holzstück auswählen muss, das nach dem Hundeführer riecht. Dieses Geruchsobjekt liegt zwischen identisch aussehenden Hölzern, die Frauchen oder Herrchen jedoch nie berührt haben. Die Nase des Hundes ist gut genug, um diese Aufgabe zu lösen. An den Grenzen Südafrikas werden Hunde eingesetzt, die auf Sprengstoffe, Drogen, Rhinozeroshorn oder Elfenbein trainiert sind.

Auch in der Natur ist es so, dass ein Hund oder Wolf verschiedene Gerüche unterscheidet. Man kann leicht nachvollziehen, dass er die Fährten eines Elchs, eines Hasen, eines Fuchses oder eines anderen Hundes oder Wolfes am Geruch identifizieren kann.

Auswahl der Verweistechnik

Wenn Ihr Hund Pilze im Wald, Sprengstoff in einem Koffer oder Erdnussöl in Ihrem Mittagessen gefunden hat, hilft Ihnen das wenig, wenn er es Ihnen nicht irgendwie mitteilen kann. Ihr Hund muss eine Technik lernen, mit der er anzeigen kann, was er gefunden hat und wo er es gefunden hat. Dafür gibt es viele Möglichkeiten, je nachdem, was der Hund sucht und in welcher Umgebung. Das Verweisen muss unabhängig vom Suchen trainiert werden.

Polizeihunde, die Menschen aufspüren, zeigen normalerweise durch Lautgeben an, wenn sie jemanden gefunden haben. Zivile Hunde, die Vermisste suchen, melden meistens, indem sie einen speziellen Gegenstand (ein so genanntes Bringsel) apportieren, den sie an ihrem Halsband tragen. Hunde im Einsatz bei der Suche nach Verschütteten verweisen durch Scharren auf dem Boden und Bellen. Den Fund einer Mine zeigt ein trainierter Hund an, indem er unbeweglich vor der Fundstelle sitzt oder liegt. Wenn Ihr Hund

Waldpilze finden soll, können Sie ihm beibringen, sich davor zu setzen, Laut zu geben oder zu Ihnen zurückzukommen, um Sie zu holen.

Was auch immer Sie auswählen, Sie müssen diese Verhaltensweise vorher einüben, so dass Ihr Hund verlässlich und eindeutig Laut geben, sitz oder Platz machen, apportieren oder wie auch immer verweisen kann. Das Anzeigeverhalten kann nur mit ausschließlich positiven Assoziationen aufgebaut werden, nicht mit Strafe oder für den Hund unangenehmen Dingen. Apportieren, das unter Zwang gelernt wurde, ist unbrauchbar!

Nach meiner Erfahrung eignen sich solche Verhaltensweisen gut, die durch Shaping, zum Beispiel mit Hilfe eines Clickers, eintrainiert wurden. Eine andere Möglichkeit wäre, abzuwarten und zu beobachten, ob der Hund von sich aus etwas anbietet, was für diesen Zweck geeignet wäre, und dieses Verhalten dann gezielt zu verstärken.

Einige praktische Hinweise

Beim Training mit Erdnussöl gibt es ein Problem: Öl fließt und kann nicht irgendwo hingelegt werden. Ich verwende saubere Frischhaltedosen oder Marmeladengläser (man kann auch Plastikbecher nehmen), in die ich jeweils einige Tropfen Öl gebe. Es ist empfehlenswert, schmale Dosen zu benutzen, weil viele Hunde sonst versuchen werden, das Öl aufzulecken. Die Behältnisse sollten von identischer Farbe und Größe sein, damit Ihr Hund die Aufgabe nicht mit den Augen lösen kann. Markieren Sie die Dosen, damit Sie sie nicht verwechseln oder aus Versehen die falsche Dose mit Erdnussöl auffüllen. Dazu können Sie Klebeetiketten verwenden. Denken Sie daran, dass die Aufkleber und der Filzstift, mit dem Sie sie beschriften, auch Gerüche hinterlassen (und der Hund sie außerdem auch sehen kann); also sollten Sie alle Behältnisse bekleben und beschriften! Wenn Sie nicht sicher sind, ob Sie nicht womöglich Erdnussöl auf mehrere Dosen verteilt haben, waschen Sie lieber alle noch einmal ab und fangen von vorne an. Sauberkeit und Ordnung sind wichtig, will man die Aufgabe nicht zusätzlich erschweren!

Kwanza, die auf Grund falschen Trainings beschwichtigt

Kwanza, eine Minensuchhündin in Angola, hat Spuren von Explosivstoffen gefunden und sollte dies eigentlich verweisen, indem sie sich setzt. Stattdessen zeigt sie eine Vielzahl von Beschwichtigungssignalen: Sie gähnt, sieht weg, steht erstarrt, hebt eine Pfote und blinzelt. Warum? Sie beruhigt sich selbst und überspielt ihre alten negativen Assoziationen. Sie geht aber auch nicht weg. Warum nicht? Nun, sie weiß, dass sie eine Belohnung dafür bekommt, wenn sie Sprengstoff findet, und die möchte sie gerne haben. Ihr Verhalten stellte sich uns folgendermaßen dar: Sie konnte sich einfach nicht hinsetzen, weil das Sitzen ursprünglich eintrainiert worden war, indem am Würgehalsband geruckt und gleichzeitig auf ihr Hinterteil gedrückt oder geschlagen worden war. Wir nahmen sie aus der täglichen Arbeit heraus und bauten das Hinsetzen ganz von neuem auf, diesmal mit ausschließlich positiven Assoziationen und einem neuen Signalwort. Danach arbeitete sie absolut zufriedenstellend. Wie lange das funktionierte, kann ich leider nicht sagen, da ich etwa neun Monate später wieder abreiste. Es ist gut möglich, dass das Problem zu einem späteren Zeitpunkt wieder auftreten wird, aber zumindest weiß der Hundeführer jetzt, wie er dann daran arbeiten kann.

So, jetzt haben wir unser Werkzeug beisammen und das Training kann beginnen! Geruchsunterscheidung ist eine Übung, die sich aus mehreren Teilen zusammensetzt: Ein Abschnitt beschäftigt sich mit der Suchfreude, einer mit dem Verweisen und einer mit dem Stoff, nach dem gesucht werden soll. In vielen Fällen ist es empfehlenswert, ein bestimmtes Suchschema einzuführen.

Der Hund muss also lernen, was er finden soll, wo er suchen soll und wie er seine Erkenntnisse anzeigen soll. Und nicht zuletzt: Er muss Lust haben (motiviert sein), für Sie zu arbeiten!

Das Training: Schritt für Schritt

Bevor Sie mit dem Training zur eigentlichen Geruchsunterscheidung beginnen, sollten Sie sich bereits für eine bestimmte Art des Verweisens entschieden und mit dem Aufbau dieses Anzeigeverhaltens angefangen haben.

Bei dem Beispiel im nun folgenden Text gehe ich davon aus, dass der beteiligte Hund an das Clickertraining gewöhnt ist. Falls das bei Ihrem Hund nicht der Fall ist, loben und belohnen Sie einfach an den entsprechenden Stellen, anstatt zu clicken.

Um den Fortschritt im Training zu kontrollieren, ist es immer hilfreich, das gewünschte Zielverhalten in kleinere, leichter erreichbare und messbare Teilverhaltensweisen oder Schritte aufzugliedern. Sie sollten dabei von einem Schritt zum nächsten übergehen, sobald Ihr Hund in 80 % der Fälle richtig handelt, also in vier von fünf Übungen. Schafft er es nicht öfter als bei zwei von fünf Gelegenheiten, müssen Sie ein oder zwei Schritte zurückgehen.

Die Schritte beim Erdnussöl-Training kann man folgendermaßen einteilen:

1. Etwas Positives mit Erdnussöl verknüpfen.
2. Das Verweisen trainieren.
3. Einen „falschen" Geruch mit zur Auswahl stellen.
4. Zwei „falsche" Gerüche mit zur Auswahl stellen.
5. Nach und nach die Anzahl „falscher" Gerüche erhöhen – bis zur gewünschten Anzahl bzw. Suchdauer.
6. Negative Suche einführen, das heißt Suchvorgänge, bei denen kein Erdnussöl zur Auswahl angeboten wird – hier wird dem Hund vermittelt, dass es ausschließlich um Erdnussöl geht und es nicht schlimm ist, wenn er nichts findet.
7. Ausdauer trainieren, nach und nach die Anzahl direkt aufeinander folgender Suchvorgänge erhöhen.
8. Generalisieren der Suche, das heißt in unterschiedlichen Umgebungen zu trainieren – versuchen Sie, das angestrebte Arbeitsumfeld des Hundes nachzustellen (oder suchen Sie es tatsächlich auf)!
9. Dem Verhalten ein Signal zuordnen und anfangen zu variieren.
10. Mit Helfern an unbekannten Aufgaben arbeiten.

1

2

Schritt 1

Das Ziel dieser Phase ist es, dass der Hund positive Assoziationen zu dem Geruch von Erdnussöl aufbaut.

Halten Sie dem Hund eine Dose mit Erdnussöl vor die Nase und clicken Sie, sobald er daran schnuppert. Dann vergrößern Sie nach und nach den Abstand, so dass der Hund selbst die Initiative ergreifen muss, um an dem Öl schnüffeln zu können. Sie können die Dose dazu auf den Boden stellen, damit der Hund einige Schritte geht, bevor er an das Öl herankommt.

Wiederholen Sie das so lange, bis er selbstständig zu dem Öl läuft, um seine Belohnung zu bekommen.

Schritt 2

In diesem Abschnitt geht es darum, den Hund zum Anzeigen (Verweisen) seines Fundes zu bewegen. Im Idealfall soll der Geruch von Erdnussöl zum Signal („Kommando") für das Verweisen werden.

Zeigen Sie dem Hund das Erdnussöl. Wenn er daran schnüffelt, warten Sie eine halbe Sekunde, bevor Sie clicken. Geben Sie das Signal für das gewünschte Anzeigeverhalten (also zum Beispiel „sitz"). Belohnen Sie den Hund, auch wenn er sich nicht hinsetzt. Denken Sie daran, dass er sehr viel zu verarbeiten hat! Nach drei bis fünf Wiederholungen wird er normalerweise anfangen, auf Ihr Signal zu reagieren.

3
4

Etwas schneller geht es auf dem Weg zum wunschgemäßen Anzeigen, wenn Sie unmittelbar vor dem Suchtraining dieses Verhalten nochmals üben, also sozusagen „aufwärmen". Wenn der Hund Ihre Begeisterung für diese Übung noch in frischer Erinnerung hat, bietet er sie wahrscheinlich von selbst an, um Sie erneut zu erfreuen und noch mehr Leckerchen von Ihnen zu bekommen.

Wiederholen Sie diesen Schritt so oft, bis der Hund von selbst so verweist, wenn er Erdnussöl riecht.

Schritt **3**

Das nächste Etappenziel ist jetzt, dem Hund beizubringen, dass es ausschließlich um Erdnussöl geht und alles andere ignoriert werden soll.

Präsentieren Sie dem Hund Erdnussöl und Sonnenblumenöl. Stellen oder halten Sie dabei das Erdnussöl dichter an ihn heran. Clicken Sie, sobald er daran schnuppert. Bei den ersten drei oder vier Versuchen sollten Sie jetzt kein korrektes Verweisen erwarten, auch wenn Ihr Hund es schon gelernt hat. Ignorieren Sie einfach jedes Schnüffeln am falschen Öl. Sagen Sie bitte auf gar keinen Fall: „Nein!", oder: „Falsch!", oder sonst etwas dazu. Falls Ihr Hund von dem falschen Öl nicht weggehen will, lassen Sie einen Helfer die Dosen tragen und die mit dem falschen Inhalt hinter seinen Rücken halten. Sobald der Hund am richtigen Öl schnuppert, geben Sie ihm den Jackpot!

Wiederholen Sie die Übung so lange, bis Ihr Hund sich vor das Erdnussöl setzt (oder es auf andere Weise anzeigt), das Sonnenblumenöl aber ignoriert.

5

Schritt 4

Hier soll erreicht werden, dass das Selbstvertrauen des Hundes steigt und er lernt, sicher das richtige Öl auszuwählen.

Die Aufgabe, die Ihr Hund gestellt bekommt, besteht jetzt aus drei Dosen, eine davon mit Erdnussöl, die beiden anderen mit anderen Ölen. Wieder ignorieren Sie jegliches Interesse für die „falschen" Öle komplett und clicken (oder geben den Jackpot), sobald der Hund zum richtigen Öl geht.

Bitte beachten Sie, dass Sie die Position der Dosen bei jedem Durchgang verändern müssen – Ihr Hund ist schlauer, als Sie vielleicht meinen, und lernt sonst unter Umständen, dass zum Beispiel immer die mittlere Dose die richtige ist.

Wiederholen Sie diesen Schritt so oft, bis er mit Leichtigkeit Erdnussöl von anderen Ölen unterscheidet und korrekt verweist.

Schritt 5

Ziel dieses Schrittes ist es, dass der Hund lernt, sechs Dosen zu untersuchen und das richtige Öl zu finden.

Nach und nach erhöhen Sie die Anzahl der Behältnisse, aus denen der Hund auswählen soll, wie in Schritt 4 beschrieben. Die meisten Systeme, bei denen Hunde mit vergleichbaren Aufgaben arbeiten, haben sechs bis acht Stationen, die untersucht werden müssen. Die Dosen können in einer Reihe aufge-

6

7

stellt sein oder lose gruppiert werden, wie es Ihnen und Ihrem Hund am besten gefällt.

Trainieren Sie so lange, bis Ihr Hund problemlos und freudig die richtige Dose aus sechs (oder, wenn Sie möchten: acht) heraussucht und anzeigt.

Schritt 6

Jetzt muss der Hund lernen, dass in einem Suchvorgang auch mal kein Erdnussöl dabei ist. Damit er in einem solchen Fall nicht falsch verweist, ist es sinnvoll, wenn er lernt anzuzeigen, dass es nichts zu finden gibt.

Führen Sie dem Hund dazu zunächst nur ein oder zwei Dosen mit anderem Öl vor und belohnen Sie ihn, sobald er sich vom letzten Behältnis entfernt! Erhöhen Sie die Anzahl der Dosen nach und nach auf sechs oder acht. Falsches Verweisen ignorieren Sie schlichtweg, aber verringern Sie nach einem solchen Fehler die Auswahlmöglichkeiten wieder. Anfangs ist es sehr wichtig, äußerst präzise zu clicken: Sie dürfen erst dann den Clicker betätigen, wenn der Hund von der letzten Dose weggegangen ist. Im Folgenden verzögern Sie das Clicken immer weiter, so dass der Hund lernt, umgehend zu Ihnen zurückzukommen, wenn er nichts findet.

Wiederholen Sie dies so oft, bis Ihr Hund nicht mehr falsch verweist!

8

Schritt 7

An diesem Punkt angelangt, sollten Sie die Ausdauer des Hundes trainieren.

Sie müssen selbst entscheiden, wie lange er ohne Pause suchen soll. Verlangen Sie nicht zu viel und verlängern Sie die Übungseinheiten nur schrittweise.

Dehnen Sie die Suchzeit nicht ständig nur aus, sondern bauen Sie zwischendurch immer wieder Einheiten ein, die im Vergleich zur längsten Arbeitsphase deutlich kürzer sind. Es darf nicht immer nur schwieriger werden!

Schritt 8

Nun sollte die Suche generalisiert werden.

Vermutlich haben Sie bisher an einem ruhigen und ungestörten Ort geübt. Jetzt müssen Sie bedenken, dass Ihr Hund auch in anderer Umgebung suchen können soll, mit mehr Ablenkung, wie zum Beispiel Leuten und Lärm um sich herum. Stellen Sie sich das wirkliche Leben vor: Wenn es zum Beispiel um das Erdnussöl in Ihren Mahlzeiten geht, möchten Sie auf jeden Fall, dass Ihr Hund Sie ins Restaurant oder ins Lebensmittelgeschäft begleitet. Nähern Sie sich solchen Gegebenheiten nach und nach an; vielleicht können Sie mit einem Gastwirt oder einem Ladeninhaber vereinbaren, dass Sie bei ihm trainieren dürfen?

Üben Sie so lange, bis Ihr Hund unbeeindruckt in der Umgebung arbeiten kann, in der Sie ihn einsetzen möchten.

9

Schritt 9

In dieser Phase soll erreicht werden, dass der Hund auf Ihr Signal hin arbeitet.

Möglicherweise haben Sie schon früher ein Signal eingeführt. Tun Sie dies aber nie, bevor Sie nicht sicher sind, dass Ihr Hund die Aufgabe korrekt lösen wird. Mein kleiner Test, bevor ich ein Signal einführe, sieht so aus: Wenn der Hund in einer Trainingseinheit eine Übung dreimal hintereinander richtig ausgeführt hat, gebe ich ihm beim vierten Mal das Signal. Ich möchte unbedingt vermeiden, dass ich ein Signal gebe und der Hund die Übung nicht ausführt. Jedes Mal, wenn ich beispielsweise „Komm!" rufe und der Hund kommt nicht, wird dadurch die Bedeutung des Wortes geschwächt. Deshalb nehme ich es mit der Einführung des Signals sehr genau. Geben Sie das Kommando zunächst in gewohnter Umgebung und arbeiten Sie in jedem neuen Umfeld Schritt 8 komplett durch wie beschrieben, also dreimal ohne Signal und erst beim vierten Mal mit Kommando. Wiederholen Sie diesen Schritt so oft, bis Ihr Hund die Übung immer auf Ihr Signal hin ausführt.

Schritt 10

Abschließend müssen Sie lernen, Ihrem Hund zu vertrauen.

Sie brauchen einen oder mehrere Helfer, die eine Ihnen unbekannte Aufgabe stellen können. Wie Sie vielleicht gemerkt haben, lag die Schwachstelle aller bisherigen Übungen darin, dass Sie die Lösung kannten. Wenn es aber darauf ankommt, kennen Sie das Ergebnis nicht, schließlich trainieren Sie deshalb Ihren Hund. Am Anfang kann es sein, dass Ihr Helfer den Clicker übernehmen muss, aber möglichst bald sollten Sie wieder die Führung übernehmen. Manchmal besteht die Schwierigkeit darin, dass Sie Ihrem Hund bisher immer unbewusst auf irgendeine Weise gezeigt haben, wo das richtige Behältnis ist. Entweder sind Sie beim Vorbeigehen langsamer geworden oder Sie haben die Luft angehalten oder irgendetwas mit der Leine gemacht.

Üben Sie so lange, bis Ihre Helfer Ihnen bestätigen, dass Sie gelernt haben, Ihrem Hund zu vertrauen und er die Aufgabe ohne Ihre Hilfe richtig lösen kann!

Der weitere Weg

Wenn Sie dieser Anweisung soweit gefolgt sind, stellt das noch immer nur die Anfänge eines Erdnussöl-Spürhunde-Trainings dar. Erdnussöl ist in unterschiedlichen Formen und Konzentrationen in Speisen enthalten. Das weitere Training sieht also so aus, dass Sie den Hund die beschriebenen Schritte mit Lebensmitteln durchlaufen lassen – Lebensmitteln mit Erdnussöl und garantiert erdnussfreien Produkten.

An einem Tag üben Sie mit Gebäcksorten, die entweder mit oder ohne Erdnussöl hergestellt wurden, am nächsten mit Broten, die auf Backblechen mit verschiedenen Ölen gebacken wurden. Bedenken Sie, dass das Öl in unterschiedlichen Formen vorkommen kann, und je nachdem, ob es unverändert ist, gekocht oder damit gebraten wurde und wieder abgekühlt ist, könnte es unterschiedlich riechen. Machen Sie sich auch klar, dass in Öl gebratene Fisch- oder Fleischstücke eine unwiderstehliche Versuchung für Ihren Hund darstellen könnten! Um die Motivation zu erhalten, muss die Belohnung dann mindestens genauso gut oder besser ausfallen als das, was der Hund untersuchen sollte und nicht fressen durfte. Und wie immer dürfen Sie auf keinen Fall schimpfen oder Fehler bestrafen. Letzten Endes können Sie nie absolut sicher sein, ob Ihr Hund nicht doch Recht haben könnte!

Einige Tipps zum Abschluss

Die häufigste Falle, in die viele tappen, ist, dem Hund Beachtung zu schenken, sobald er an den „falschen" Ölen schnuppert. Jegliche Aufmerksamkeit könnte der Hund als Belohnung auffassen – und schon haben Sie Ihren Hund darauf trainiert, falsch zu verweisen. Beachtung schenken kann auch darin bestehen, „Nein!" zu sagen, am Halsband zu zupfen, zu lachen oder zu seufzen. Anstatt irgendeine Reaktion auf falsches Verhalten zu geben, sollten Sie lieber die Möglichkeiten reduzieren, dass der Hund Fehler begeht, etwa indem ein Helfer die Dose mit dem falschen Öl wegzieht.

Bei der selbstständigen Suche, von der wir hier reden, muss Ihr Hund mit großem Selbstvertrauen in die Übung gehen. Sobald Sie eingreifen und Fehler bestrafen, schwächen Sie dieses Selbstvertrauen. Sowohl in Angola als auch in Südafrika habe ich mehrere gute Minensuchhunde erlebt, die durch Strafe für falsches Verweisen verdorben worden waren.

Punktgenaues Clicken entscheidet darüber, was der Hund lernt: Clicken Sie,
sobald er sich einer Sache nähert, verstärken Sie sein Interesse daran. Wenn
Sie stattdessen etwas zu spät clicken, nämlich dann, wenn er sich bereits wieder entfernt, lernt er, dieses Ding in Ruhe zu lassen. Beobachten Sie Ihren
Hund genau! Und führen Sie unbedingt ein Trainingstagebuch! Ich weiß
nicht, wie oft meine Schüler und auch ich selbst feststellen mussten, dass wir
unser Training sehr gleichförmig gestalten, wenn wir keine detaillierten Auf-
zeichnungen machen. Wir glauben zwar, wir arbeiteten abwechslungsreich,
aber in Wirklichkeit machen wir immer dasselbe!

Manchmal merkt man auch, dass jedes Jahr zur selben Zeit dieselben Probleme auftreten. Auch so etwas können Sie nur herausfinden und klar analysieren, wenn Sie anfangen, alle Trainingsschritte aufzuschreiben.

Damit sollten Sie nun bestens gerüstet sein, um erfolgreich mit Ihrem Hund
zu trainieren. Ich wünsche Ihnen und Ihrem vierbeinigen Partner viel Freude
bei allen Aufgaben, die Sie gemeinsam erarbeiten!

Gedanken zum Schluss

Ich schrieb dieses Buch mit dem Anliegen, dass so viele Hunde und Menschen wie möglich an dem Spaß und der Freude teilhaben sollen, die bei der gemeinsamen Erarbeitung der hier aufgeführten Spiele und Übungen entstehen. Für die meisten Hunde ist es ein großer Spaß und eine echte Bereicherung, wenn sie die Gelegenheit erhalten, ihre natürlichen Veranlagungen und die Sinnesleistung ihrer Nase zu nutzen, um nach versteckten Leckerchen oder anderen tollen Dingen zu suchen, und infolgedessen werden sie ausgeglichener und zufriedener.

Ähnlich wie viele Hundebesitzer überall auf der Welt, werden Sie eventuell überrascht sein, wie begabt sich Ihr Hund bei der Lösung der einen oder anderen Aufgabe anstellt. Ein Teilnehmer einer meiner Kurse schaute nach der gemeinsamen Arbeit seinen Hund begeistert an und sagte mit geradezu respektvollem Unterton zu ihm: „Mein Gott, was du alles kannst – und alles, was ich dir bisher im Leben geboten habe, war, dich an der Leine spazieren zu führen und deine Schüssel mit Trockenfutter zu füllen."

Je nachdem, wo Ihre Vorlieben liegen, werden Sie sich Trainingsanleitungen aus diesem Buch vornehmen, die mehr oder weniger herausfordernd in der Ausarbeitung sind. Einigen von Ihnen werden besonders die Spiele gefallen, die man im Haus, im Garten oder im nahe gelegenen Park durchführen kann. Andere finden vielleicht Gefallen daran, ihre Abende und Wochenenden mit dem Hund in Wald und Flur zu verbringen, um neue Aufgaben zu bewältigen und gemeinsame Abenteuer zu bestehen.

Auch ein großer Hund, der eigentlich täglich eine Menge Auslauf braucht, kann sich in einer kleinen Wohnung gut entwickeln und sehr wohl fühlen, wenn man ein paar Dinge beachtet: Machen Sie täglich ein paar Suchspiele im Haus oder im Park, lassen Sie ihn ein- bis zweimal pro Woche mit ein paar anderen Hunden spielen und toben oder gehen Sie selbst mal mit ihm laufen. Neben gutem Futter und freundschaftlicher Zuwendung reicht das normalerweise aus, damit er sich wohl fühlt und zufrieden ist.

Jetzt, da ich an den letzten Zeilen dieses Buches arbeite, fällt mir natürlich noch das eine oder andere ein, das ich auch noch hätte schreiben sollen. Ich denke, so ist es wohl, wenn man mit Lebewesen zusammen ist und arbeitet: Man wird nie wirklich fertig, es gibt immer noch etwas zu bedenken oder neu hinzuzulernen. Zwei Rottweiler des gleichen Alters und des gleichen Geschlechts haben eventuell ebenso viel oder ebenso wenig miteinander zu tun wie zwei Menschen gleichen Alters und Geschlechts. Immer gibt es bei vielen Parallelen doch auch individuelle Unterschiede. Deshalb wird es aber auch nie langweilig! Und deshalb können wir auch nicht immer nach dem exakt gleichen Trainingskonzept arbeiten, wenn wir zwei unterschiedliche Hunde ausbilden. Was mit Ihrem früheren Hund prima geklappt hat, kann für den, der jetzt mit Ihnen lebt, der völlig falsche Weg sein. Und um es noch ein bisschen komplizierter zu machen: Das, was im Training für Sie und diesen Hund genau der richtige Weg ist, kann sich als Sackgasse herausstellen, wenn ich mit genau demselben Hund arbeiten würde.

Nutzen Sie meine Trainingsanleitungen und Tipps, aber zögern Sie nicht, auch Ihre eigenen Lösungswege bei der Arbeit zu finden. Solange Sie in kleinen Schritten vorwärts gehen und sich der Erfolg allmählich einstellt, solange Sie Belohnungen verwenden, die Ihren Hund wirklich glücklich machen, und solange Sie darauf achten, dass das Training wirklich niemals auf Schreck- und Strafreizen, Angsteinflößung oder Bestrafung basiert, gibt es nur wenige kleine Dinge, die schief gehen können.

Ich hoffe, Sie finden Anregungen und Ideen in diesem Buch, die Ihnen und Ihrem Hund Freude machen und Ihre Beziehung weiter wachsen lassen. Entdecken Sie gemeinsam die faszinierende Welt der Sinnesleistungen!

Meine Hündin Troll, die mich viele Jahre bei meiner Arbeit begleitet hat.

Quellen/ Literaturverzeichnis

Rugaas, Turid: Calming Signals. Die Beschwichtigungssignale der Hunde

Pryor, Karen: Positiv bestärken – sanft erziehen: die verblüffende Methode, nicht nur für Hunde

Pryor, Karen: Lads before the wind. Washington: Sunshine Books 1994

Järverud, Svend und Järverud Gunvor af Klinteberg: Din Hund praktisk hundebok. Wennergren-Cappelen AS 1986

Järverud, Svend und Järverud Gunvor af Klinteberg: Din Hund fortsätter Beteende – inlärning – moment. Solna: Naturia Förlag 1986

Standard Operating Procedures Manual for Mechem Explosive & Drug Detection System Vol I & Vol II. Mechem International Ltd., West Sussex England (unveröffentlicht)

Kaldenbach, Jan: K9 SCENT DETECTION My Favorite Judge lives in a Kennel. Alberta CAN: Detselig Enterprises Ltd. 1998

Hallgren, Anders und Hallgren, Marie Hansson: Kantarellsök med Hund. Vagnhärad: Jycke-Tryck AB 1990

Jones, Deborah A. Ph.D.: CLICK 'N' SNIFF Clicker training for Scent Discrimination. Eliot ME: Howl Moon Press

Bru, Kristin Meitz und Kittelsen, Silje: "Fra lederskap til lederrolle", Zeitschrift Canis Nr. 2/03

Bru, Kristin Meitz und Kittelsen, Silje: "Fra lederskap til lederrolle", Vortrag gehalten anlässlich des Herbstseminars des Norsk Atferdsgruppe for Selskapsdyr (Norwegische Arbeitsgruppe Haustierverhalten), Oslo November 2002, ebenfalls erhältlich in der Skriptsammlung des II. Internationalen Hundesymposiums bei animal learn, Deutschland

Fjellanger, Rune: "Hundens luktesans", article from Fjellanger hundeskole. (Norwegian article about the dog's olfactory sense)

Das – unerwünschte –
Jagdverhalten des Hundes

Clarissa v. Reinhardt

Das – unerwünschte – Jagdverhalten seines Hundes hat schon so manchen Menschen verzweifeln lassen. Der sorgsam trainierte Grundgehorsam scheint vergessen, sobald ein Hase oder Reh den Weg kreuzt.

In diesem Buch führt Clarissa v. Reinhardt Schritt für Schritt durch die Übungen und lädt den Leser ein, mehr über das komplexe Verhaltensspektrum seines Hundes zu erfahren und im Training jede Menge Spaß mit ihm zu haben.

Aus dem Inhalt:
- Die Handlungskette des Jagdverhaltens
- Das Töten/ Tötungsstrategien
- Die Körpersprache/ das Ausdrucksverhalten des Hundes
- Die Sinne im Einsatz
- Kommunikatives Spazierengehen als Schlüssel zum Trainingserfolg
- Abrufübungen
- Selbstständiges Absitzen beim Anblick von Beute
- Fehlerquellen im Training...
- Hilfsmittel im Training
- Trainingsmethoden und ihre Grenzen

… und vieles mehr!

Hardcover, 112 Seiten, mit zahlreichen farbigen Abbildungen
ISBN: 978-3-936188-23-3

Würde das Gebet eines Hundes erhört …

Es würde Knochen vom Himmel regnen

Über die Vertiefung unserer Beziehung zu Hunden

Suzanne Clothier

Suzanne Clothier betrachtet das Zusammenleben von Menschen und ihren Hunden auf völlig neue Art und Weise. Basierend auf ihrer langjährigen Erfahrung als Trainerin gewährt sie uns neue und oft ganz erstaunliche Einblicke in die verborgene Welt unserer Tiere – und in uns selbst.

Behutsam, mit Intelligenz, Humor und unerschöpflicher Geduld lehrt uns Suzanne Clothier die Denkweise und das Wesen eines anderen Lebewesens wirklich zu verstehen. Sie werden entdecken, wie Hunde die Welt aus ihrer einzigartigen hundlichen Sicht wahrnehmen, wie wir ihrem Bedürfnis nach Führung ohne Gewalt und Zwang gerecht werden können und wie die Gesetzmäßigkeiten der Hundewelt uns und unserer auf Menschen ausgerichteten Welt widersprechen.

Geführt von einer außergewöhnlichen Frau lernen wir, wie wir eine besondere Beziehung zu einem anderen Lebewesen aufbauen können und dadurch ein unvergleichliches Geschenk erhalten: eine tief empfundene, lebenslange Verbindung mit dem von uns geliebten Hund.

Hardcover, 360 Seiten
ISBN: 978-3-936188-15-8

„Endlich gibt es eine genaue Analyse der Denkweise und Motive unseres besten Freundes, des Hundes...
Ich empfehle dieses wundervolle Buch wärmstens.
Lesen Sie es und entdecken Sie die Welt der Hunde neu."

Ian Dunbar, Ph.D., MCRVS, Moderator der englischen Fernsehserie Dogs with Dunbar und Gründer der Association of Pet Dog Trainers (APDT)

Vier Pfoten und zwei Beine
auf der Suche nach dem Glück
Jörg Tschentscher & Clarissa v. Reinhardt

Mit einem Vorwort von
Marc Bekoff!

Glücksmomente

Vier Pfoten und zwei Beine auf der Suche
nach dem Glück

Jörg Tschentscher, Clarissa v. Reinhardt
mit einem Vorwort von Marc Bekoff

„Ich denke, dass der Sinn des Lebens darin besteht, glücklich
zu sein." Dieses Zitat stammt von seiner Heiligkeit, dem 14.
Dalai Lama und wahrscheinlich dachte er an Menschen, als er
es aussprach. Aber was ist mit den Tieren? Haben nicht auch
sie ein Recht darauf, glücklich zu sein? Streben sie danach
und wie sieht Glück für sie aus? Und was können wir tun, um
sie glücklich zu machen?

Jörg Tschentscher und Clarissa v. Reinhardt gehen diesen
spannenden Fragen nach und geben dabei ganz praktische
Tipps, wie Mensch und Hund sowohl zum individuellen als
auch zum gemeinsamen Glück finden.

Aus dem Inhalt:

- Die Biologie des Glücks
- Wie empfinden Hunde Glück und
  wie erkennen wir das?
- Was können wir tun, um unseren Hund
  glücklich zu machen?
- Die größten Irrtümer darüber, was Hunde
  angeblich glücklich macht
- Machen Hunde uns glücklich?
- Wie finden Mensch und Hund das
  gemeinsame Glück?

Softcover mit Klappen, 87 Seiten, mit zahlreichen farbigen
Abbildungen/ Fotos; ISBN 978-3-936188-59-2

Hundetrainerausbildung bei animal learn...

...das Original!

Schon seit 1997 bieten wir eine umfangreiche Hundetrainerausbildung an, die das fachliche Basiswissen vermittelt, das Sie für die Ausübung dieses Berufes brauchen.

 Um die Qualität dieser Ausbildung überprüfbar zu machen und uns deutlich von Instituten abzugrenzen, die versprechen, in wenigen Wochenendkursen zum Trainer auszubilden oder sich nicht zu absoluter Gewaltfreiheit im Umgang mit Hunden bekennen, haben wir den aufwändigen, aber qualitätsvollen Nachweis der TÜV-Zertifizierung gewählt. Wir freuen uns, seit Oktober 2010 mit diesem national wie international anerkannten Gütesiegel als Ausbildungsstätte für Hundetrainer ausgezeichnet zu sein – ebenso als Seminarveranstalter im kynologischen Bereich und als Hundeschule!

Kommen Sie zum Schnuppertag – wir freuen uns auf Sie!

A U S B I L D U N G S Z E N T R U M

Am Anger 36 • D-83233 Bernau
Telefon +49 (0) 8051/96171-0
Telefax +49 (0) 8051/96171-17
E-Mail animal.learn@t-online.de
www.animal-learn.de